The Invention and Discovery of the 'God Particle'

HIGGS 上帝的粒子

希格斯粒子的
發明與發現

H

H ~ 124.97 GeV/C²

巴格特 JIM BAGGOTT ● 著

柯明憲 ● 譯

希格斯粒子的發明與發現

上帝的粒子

$\simeq$ 124.97 GeV/c²

HIGGS

巴格特 JIM BAGGOTT ●著 柯明憲●譯

The Invention and Discovery of
the 'God Particle'

好評推薦

這本書簡潔清晰的筆調，讓它在探勘深奧智識的漫漫長路上，成為了極為實用的指引。

——《自然》

我很樂意將這本書推薦給對粒子物理學在二〇一二年發現候選希格斯粒子的相關發展歷史感興趣的讀者。許多來自台灣的科學家在國科會、中研院和多所大學的支持下，也參與了書中所提到的 ATLAS 和 CMS，以及費米實驗室的對撞機探測器實驗。

—— 李世昌，中央研究院院士

神之粒子還是「神遣」粒子其實還未定論，就讓本書告訴你何以前者獨領風騷吧！

—— 侯維恕，台灣大學特聘教授、台灣 CMS 團隊總主持人
【攻頂計畫主持人】

希格斯粒子和大強子對撞機近幾年來屢屢攻占國際新聞版面：尋找希格斯粒子在過去數十年間，一直被視為高能物理實驗中的「聖杯」。如同古埃及耗費十萬人、二十年之力，才能

建造出一座金字塔，近代科學家在尋找有「上帝的粒子」之稱的希格斯粒子的過程，也是一樣艱辛。想知道其理論發展背景和實驗上是如何一步步尋找這個粒子，就讓這本書帶領你一窺其究。

—— 郭家銘，中央大學物理系助理教授

這是一本把近一百年來粒子物理學的發展，用完全沒有方程式的方式回顧一遍的好書。對於一般讀者而言，近數十年來的物理發展完全超出一般教科書的範疇，因此難度相當不易。本書呈現了過去的物理學家如何猜測、如何將所謂的標準模型從無到有，一步步建構出今日對基本粒子物理的完整知識，以及直到最後一刻，如何在大強子對撞機發現希格斯粒子，是個非常值得一看的故事。

—— 陳凱風，台灣大學物理系副教授

作者以生動的比喻與洗鍊的文筆，將希格斯粒子相關的物理和提出希格斯機制的前因後果呈現出來，本書值得一讀。

—— 張寶棣，台灣大學物理系教授

書中寫到倫敦大學教授米勒的類比，以英國政治人物都能理解的方式，來向讀者說明希格斯機制。同時，這中間美國與歐洲在二次大戰後，科學競賽中的暗潮洶湧，對於非理科的讀者而言，應該更是引人入勝。

—— 趙元，台灣大學物理系研究員

一本好書！本書以深入淺出的方式闡述希格斯粒子（暱稱上帝粒子）的理論基礎和搜尋的歷史背景，告訴我們為什麼物理學家要竭盡所能地提升粒子加速器的對撞能量及方式，一代又一代地以團隊的方式建造最先進的大型粒子探測器和粒子加速器，終於鍥而不捨地尋找到夢寐以求的上帝粒子。

—— 熊怡，台灣大學物理系主任

深入導讀
希格斯粒子奇異之旅

　　　　　　　　　　　　　　　　高涌泉

　　二〇一二年七月四日，歐洲核子研究組織（CERN）主任霍爾（Rolf-Dieter Heyer）主持了一場全球矚目的學術發表會，隨後召開記者會，宣布 CERN 位於瑞士日內瓦的大強子對撞機（LHC）的兩個實驗團隊 ATLAS 與 CMS，發現了一個質量約 125 GeV 的嶄新基本粒子。這個粒子的性質很類似物理學家期盼已非常久的希格斯粒子，使得大家的興奮之情達到最高點。各式媒體大幅報導了這個近幾年來最重要、也最貴（LHC 加速器與 ATLAS、CMS 兩個偵測器的建造共花費近百億美金）的科學發現，讓一般民眾多少也知曉這是難得一見的歷史事件。

　　去年 CERN 在宣布這個發現時，還很謹慎地說他們尚不能肯定這個新粒子就是希格斯粒子，所以只稱呼這個粒子是「類希格斯粒子」。粒子理論學家早從量子場論架構推論出希格斯教授與其他人於一九六四年提出的「希格斯機制」必須存在，否則無從解釋弱交互作用理論的某些特性（如低階計算的合理性，即可重整化性）。粒子物理中的「標準模型」即是實現希格斯機制的最簡單理論，這個理論只包含單一個希格斯粒

子（我這裡稱之「標準希格斯粒子」）；物理學家也可以建構更複雜的理論來體現希格斯機制，在這種狀況下希格斯粒子可能就不只一個，其性質會和標準希格斯粒子有些微差異。所以「類希格斯粒子」的出現固然符合物理學家期待，因為這表示希格斯機制是對的，但是大家又希望這個粒子最好不要是「標準希格斯粒子」，因為如此一來我們才能抓到標準模型的缺失，粒子物理才有繼續前進發展的依據。

所以，自 CERN 去年的宣布至今，大家關注的問題即是「類希格斯粒子」到底是不是「標準希格斯粒子」。在去年七月之後，實驗團隊已累積了更多的數據，分析的結論是「類希格斯粒子」的確愈來愈像是「標準希格斯粒子」，這是讓人既意外又有些失望的結果。在去年的數據中，「類希格斯粒子」衰變成兩個光子的機率超過標準模型的預測，讓不少人相當興奮，但是最新的數據卻顯示實驗與理論的差距縮小了；如果將 ATLAS 與 CMS 的結果平均起來，實驗與理論在誤差範圍內，大致相符。

在標準模型出現之初，物理學家使用希格斯機制的主要動機在於賦予傳遞弱交互作用的 W 粒子與 Z 粒子質量（當初希格斯以及其他人提出希格斯機制的靈感就來自於前人對於超導體中「麥斯納效應」的研究，而麥斯納效應指的正是光子在超導體內部帶有質量的狀況），這種機制讓理論具有上面提到的可重整化優點；後來物理學家又將它推廣至賦予夸克、緲子、電子等基本費米子（即不包括質子、中子等組合費米子）質量；就基本費米子的質量來源而論，這種做法固然有

某些優點，卻沒有邏輯的迫切性。但是既然「標準希格斯粒子」的證據愈來愈多，我們便確知基本費米子的質量也與希格斯機制密切相關，這是 ATLAS 與 CMS 實驗最重要的成果。

我們已經從 LHC 這個巨大加速器學到很多東西，但是遊戲還沒結束——現在 LHC 正停機檢修，兩年後再次啟動時，能量將提高 1.5 倍以上。誰能肯定地說目前的結論未來不會再受到修正呢？屆時我們就更清楚「標準希格斯粒子」到底有多標準，以及它是否還有其他更重的兄弟姊妹。

希格斯粒子的故事是粒子物理最奇特、精采的故事，涉及人物之多前所未見，其中之曲折與緊張不亞於偵探小說。本書完整地說明了這個粒子至今約五十年的一生，可以滿足想更深入了解希格斯故事的讀者。

高涌泉　台灣大學理論物理學教授

獻給安格

目 次

序

二○一二年七月四日，位於日內瓦的歐洲核子研究組織（CERN）宣布他們發現了希格斯粒子的候選者，消息有如高傳染性的電腦病毒瞬間傳遍全球。頭條新聞呼喊著高能物理學的最新勝利。這個發現登上報紙頭版，晚間新聞也做出重點報導，數十億觀眾都接收到了消息。這個早在一九六四年就有人假設（或說是「發明」）的粒子，在投入數十億美元、歷經四十八年後，終於被找到了與其相符合的訊號。

那麼，這到底有什麼好大驚小怪的？希格斯粒子究竟是什麼東西，又為什麼如此重要？如果這個新發現的粒子真是希格斯粒子，它又能告訴我們什麼關於物質世界和早期宇宙演化的新知？耗費那麼多心力來尋找它，真的值得嗎？

這些問題的答案，可以在粒子物理學所謂「標準模型」的故事裡找到。一如這個術語所暗示，「標準模型」是個理論框架，物理學家用它來解釋一切物質及作用力的基本組成（有些作用力能將物質束縛在一起，也有些作用力能拆散物質）。歷經許多人數十年來的不懈努力，才建構起標準模型，它代表了物理學家對於闡釋我們周遭的物理世界所盡的最大努力。

標準模型還不能稱得上是「萬有理論」，因為它並沒有涵括重力。在最近這幾年，你或許已經讀過幾個在標準模型範疇

之外，但試圖統一所有基本作用力（包括重力）的新理論，像是超對稱或超弦。儘管有數百位理論學家投身研究，但這些理論仍然只是純理論，少有實驗證據支持，甚至根本沒有證據。自七〇年代標準模型問世至今，雖然物理學家已經承認其中有缺陷，但目前最有實質進展的理論，仍非它莫屬。

希格斯粒子在標準模型裡占有相當重要的地位，因為它暗示了希格斯場的存在。希格斯場是一種遍及整個宇宙的隱形能量場，若沒有希格斯場，構成你、我和可見宇宙的基本粒子都不會有質量；沒有希格斯場，物質便無法成形，一切都**不復存在**。

看來希格斯場的存在對我們的重要性實在不小，這就是希格斯粒子（希格斯場的粒子）會被大眾媒體炒作成**上帝粒子**的理由。從業科學家由衷鄙視這種說法，因為希格斯粒子的重要性被誇大了，而且物理學和神學之間偶有波瀾的關係也因此引起不必要的關注。無論如何，「上帝粒子」一詞倒是頗受科學記者和科普作家的喜愛。

許多希格斯場所預測的結果，都經過八〇年代早期的粒子對撞機實驗證實了，但是推斷希格斯場的特性，和偵測到希格斯粒子是兩回事。在過去，希格斯粒子看似永無發現之日，標準模型也因此有崩塌的潛在危險，現在我們知道希格斯場很可能無所不在，這真是叫人大感欣慰。

我從二〇一〇年六月開始動筆寫作本書，那是大發現的兩年前，那時我剛完成了另一本書《量子故事：歷史的四十個瞬間》的手稿，如同書名所示，那本書講的是從一九〇〇年至今

的量子物理學歷史，包括標準模型的發展、希格斯場和其粒子的發明等等。在我動手寫作的幾個月前，CERN 的大型強子對撞機（LHC）在質子互撞實驗創下了七兆電子伏特的紀錄，我想接下來幾年內**大概**就要有大發現了。令人高興的是，我的猜想是對的。

　　《量子故事》於二〇一一年二月出版，現在您手上的這本書，有一部分是基於該前作而寫成的。

　　我要感謝梅儂和牛津大學出版社的代表，他們甘冒風險委製一本談論尚未發現之粒子的書。我平常透過官方管道追蹤 CERN 的研究進展，但我也得承認，我對許多高能物理學部落客虧欠不少，包括吉伯斯、多里戈、沃特、弗科斯基、史崔斯勒和巴特沃斯；還要感謝巴特沃斯、忒沙烏里、吉利斯、龐塞和艾萬斯等人撥出時間和我談話，並和我分享他們與日俱增的興奮感。米勒教授及沃特教授在讀過我的手稿後不吝賜教，我也要向他們致謝。同時感謝溫伯格教授，他也讀過整份手稿，並且相當好心地在本書前言裡貢獻了他的個人觀點。書中若仍有疏漏，當然全是我的責任。

吉姆・巴格特

二〇一二年六月六日，於里丁

前言

許多重大科學發現已經透過科普書介紹給一般讀者，但這是我第一次看見有這麼一本書，裡頭大部分寫的卻是一項**預期中**的發現。CERN（與費米實驗室部分的合作）於二〇一二年七月宣布他們很可能發現了希格斯粒子，這本書旋即出版，驗證了巴格特和牛津大學出版社卓越不凡的精力和冒險精神。

這本書迅速出版，也驗證了這是眾所矚目的一次發現，所以，如果我在這篇前言加入一些個人的評論，談談物理學甫企及的成就，應該是很值得的一件事。常有人說，在尋找希格斯粒子的過程中，最岌岌可危的就是質量的起源。這麼說並沒有錯，但我們需要更進一步的解釋。

到了八〇年代，我們已經有個很好的理論，能全面性地說明所有已觀測到的基本粒子和它們互相作用的力（重力除外），而該理論最重要的要素就是：對稱性，就像在電磁力和弱核力之間，那一種宛如家庭關係般美好的對稱性。電磁學是解釋光的基本學說，弱核力則允許原子核內的粒子透過放射性衰變被改變，而對稱性將這兩種力一起擺到單一的「電弱理論」架構底下。電弱理論的一般性質已經通過充分測試，最近在 CERN 和費米實驗室進行的實驗並不會危及其有效性，而且就算沒能找到希格斯粒子，電弱架構的正確性也不會遭受嚴

重懷疑。

　但是電弱對稱性有個必然結果，如果我們不在理論裡加點新東西，包括電子和夸克在內的所有基本粒子都不會有質量，可是它們顯然有，所以電弱理論一定還有缺漏，缺了某種在實驗室或自然界裡還沒觀測到的新物質或場。尋找希格斯粒子也就等於是在尋找下面這個問題的答案：到底我們需要的新玩意是什麼？

　尋找這個新玩意不能只是拿高能加速器胡搞一通，然後就等著看會跑出什麼東西來。電弱對稱性是粒子物理學基本方程式的精確特性，不知何故，這對稱性非得打破不可，電弱對稱性不能直接套用到我們實際觀測到的粒子和力上頭。自南部陽一郎和戈德斯通在一九六〇至六一年的研究成果之後，我們就知道在很多理論裡有可能發生對稱性破裂，不過這樣的對稱破裂也意味著一定有新的零質量粒子產生，但就我們所知，這種粒子並不存在。

　一九六四年，布繞特和恩格勒、希格斯、古拉尼、哈庚和基博爾等四組學者都獨立發現到，只需要賦予質量給那些力的媒介粒子，*這些零質量的南部—戈德斯通粒子在某些種類的理論裡可以消失無蹤。薩拉姆和我本人於一九六七至六八年提出的弱力和電磁力理論，裡頭就允許發生這樣的事。但是問題還是沒有解決，我們仍不知道實際在破壞電弱對稱性的，到底是什麼新物質或場。

───────────

＊為求簡潔，接下來我就統稱這些研究成果為「一九六四論文」。

　　有兩個可能。第一個是散布在空間中，但迄今尚未觀測到的幾種場。就像地球磁場能區別北方和其他方向，這些場能區別弱力和電磁力，它們賦予質量給媒介弱力的粒子和其他粒子，但是讓光子（媒介電磁力的粒子）維持零質量。這些場被稱作「純量」場，意思是它們不像磁場，不會在一般空間中區別出方向性。在戈德斯通和後來的一九六四論文說明對稱破裂的範例中，首次引進了這種一般型的純量場。

　　當薩拉姆和我將這種對稱破裂用來發展弱力和電磁力的現代「電弱」理論時，我們便假定對稱破裂的原因就是這種散布所有空間的純量場。（格拉肖、薩拉姆與沃德等兩組學者早就假設有這一類的對稱性存在，但並沒有作為他們的理論方程式的精確性質，所以這幾位理論學家沒有繼續往純量場的方向前進。）

　　對這些會造成對稱性破裂的物理模型而言（包括戈德斯通和一九六四論文所考慮的模型，以及薩拉姆和我的電弱理論），必然的結果就是，雖然有些純量場只會賦予質量給媒介力的粒子，但其他純量場會在自然界中創造出新的物理粒子，而且應該已經在加速器和粒子對撞機裡被創造、觀測到。薩拉姆和我發現，我們的電弱理論需要加入四種純量場，其中三種純量場用以賦予 W^+、W^- 和 Z^0 粒子質量，而這三種粒子像是比較重的光子一般，是我們理論中媒介弱核力傳遞時的媒介粒子（CERN 已經於一九八三至八四年發現了 W^+、W^- 和 Z^0 粒子，而且它們的質量符合電弱理論的預測值）。剩下的第四種純量場，會引導出一個新的物理粒子，此

粒子的特性正表現了純量場的能量和動量，這個粒子也就是物理學家尋找了將近三十年的「希格斯粒子」。

但永遠有第二個可能性。或許散布所有空間的新純量場並不存在，也沒有希格斯粒子，而電弱對稱性是被稱之為「天彩力」（technicolour forces）的強大力量所破壞的。天彩力作用在全新類別的一種粒子上，而這些粒子因為太重了，所以還沒能被觀測到。像是超導理論當中就允許這樣的事發生。七○年代末期，蘇士侃和我分別獨立提出這種基本粒子的理論，預測有一大群被天彩力束縛在一起的新粒子。所以這下我們得二選一了：純量場？還是天彩力？

CERN 發現的新粒子對純量場造成對稱性破裂（而不是天彩力）投下重量性的一票，這就是這次發現如此重要的原因。

但還得等許多工作完成，才能真正蓋棺論定。一九六七至六八年的電弱理論能夠預測希格斯粒子的全部特性，但沒辦法預測其質量；如今透過實驗，我們已經知道它的質量了，所以可以計算出希格斯粒子各種衰變的機率，並在接下來的實驗裡驗證這些預測。這得花上一點時間。

這次發現的「類」希格斯粒子也給理論學家留下了一個難題：該如何理解希格斯粒子的質量？希格斯粒子是一種質量不會因為電弱對稱性破裂而增加的基本粒子，但在電弱理論的基礎原則下，希格斯粒子的質量可以是任何值。正因為如此，不管是薩拉姆還是我，才都無法預測它的質量。

事實上，我們實際觀測到的希格斯粒子質量也叫人大惑不解，這就是所謂的「層級問題」（hierarchy problem）。既

然希格斯粒子的質量決定了所有其他已知基本粒子質量的尺度，可能會有人猜想它的質量應該和另一個在物理學裡扮演基礎角色的質量很類似，也就是所謂的普朗克質量。普朗克質量是重力理論裡的質量基本單位（它是一種假想粒子的質量，這種粒子彼此間的重力強度跟間隔相同距離的兩個電子間的電力一樣），但是普朗克質量大約是希格斯粒子質量的十萬兆倍。所以，雖然希格斯粒子很重，重到我們需要建造巨大的粒子對撞機才能創造出來，但我們還是得問：為什麼希格斯粒子的質量這麼小？

巴格特建議我或許可以在這裡加入一些個人觀點，談談在這個領域中想法的演變。我只提兩點。

如同巴格特在第四章裡所描述的，早在一九六四年之前，安德森就認為零質量的南部－戈德斯通粒子並不是對稱破裂的必要結果。為何我和其他粒子理論學家沒有被安德森的論點說服呢？當然這並不代表安德森個人不值得受到認真看待，因為在所有關注凝態物理學的理論學家裡，沒人比安德森更透澈地看出對稱原則的重要性，而這些原則已被證實在粒子物理學裡是至關重大的。

我認為安德森的論點之所以普遍不被重視，是因為他的論點立基在像超導性這種可類比於「非相對性」的現象上（換句話說，「非相對性」的現象可以安全地忽略愛因斯坦的狹義相對論）。但是在一九六二年，戈德斯通、薩拉姆和我已經透過相對論的必然存在性（顯然很殘酷地）證明了零質量的南部－

戈德斯通粒子是無法避免的。安德森的論點在非相對性的超導理論上是正確的，粒子理論學家隨時準備好要相信這一點，但是在基本粒子理論裡就行不通了，因為基本粒子理論不能不考慮到相對論。一九六四論文的研究成果清楚顯示，戈德斯通、薩拉姆和我的證明並不能應用到包含力的媒介粒子的量子理論當中，因為這種理論裡的物理現象雖然可以滿足相對論，但是在量子力學中，這些理論的數學公式卻違反相對論。

這個因相對論導致的問題，就是為什麼儘管歷經艱苦努力，在一九六七年之後，薩拉姆和我都無法證明，電弱理論裡那些沒有意義的無限大，可以用類似於電磁量子理論當中消除無限大的方法來消除。巴格特在第五章裡提到，特胡夫特於一九七一年證明了消除無限大的方法，他使用了和韋爾特曼共同得到的技巧，延伸量子力學的基本原則，讓理論能夠以相容於相對論的方法被公式化。

第二點是，巴格特在第四章裡寫到，我在一九六七年所提出的電弱理論論文裡頭沒有引入夸克，是因為我考量到該理論可能會預測出牽涉到所謂「奇異」粒子（strange particle）的作用過程，但事實上「奇異」粒子並沒有被觀測到。我真希望我當時的理由有這麼明確，其實我在該理論裡之所以沒有引入夸克，只是因為我在一九六七年時還不相信有夸克罷了。在從來沒有人觀測到夸克的情況下，我很難相信這是因為夸克比那些已被觀測到粒子（如質子和中子）還要重得多，畢竟這些已觀測粒子是由夸克組成的。

就和大多數理論學家一樣，我一直到一九七三年格婁斯與

韋爾切克，以及波利策這兩組學者的研究成果發表後，才完全接受夸克的存在。他們的研究顯示，在應用於夸克和強核力的「量子色動力學」理論當中，夸克彼此間的距離愈近，強核力就愈弱。我們之中有些人接著突然想到，如果是這樣，那麼當夸克距離較遠時，夸克之間的強核力就會違反直覺地增強，也許這股強大的力量使得組成原子的夸克們無法被拆開並且觀測到。直到現在還是沒有證據能證明這一點，但是大家普遍都接受了。量子色動力學在目前為止已經通過諸多測試，但還是無人有緣見到單一夸克。

我很高興看到本書是以二十世紀早期的數學家諾特開場，因為沒有人比諾特更早看出對稱性在自然界的重要性。這提醒了我們，科學的傳統過程是，我們總是先嘗試猜測自然界的運作方式，然後交由實驗驗證，而如今科學家的成就，不過只是這項隆重傳統的最後一步。透過巴格特的這本著作，讀者應該能對擁有悠久歷史的科學有些許感受。

溫伯格

二○一二年，七月六日

序幕

組成與物質

世界是什麼組成的？

打從人類擁有理性思考的能耐開始，像這樣的簡單問題就一直戲弄著人類的智慧。當然了，我們現在發問的方式已經縝密精巧許多，答案也變得非常複雜，而且想找到答案，可是所費不貲。但是可別誤會了，這個問題的核心仍然相當單純。

在兩千五百年前，古希臘哲學家若想尋求這個問題的答案，他們必須仰賴對大自然之美與和諧的感受，將邏輯思考的能力以及想像力運用在只能單憑肉身感官探知的事物上。以現在的後見之明來看，他們竟能得到相當程度的理解，成就著實非凡。

古希臘人悉心區別「組成」和「物質」，世界是由有形物質所組成的，而這些有形物質具有各式各樣組成。西元前五世紀，西西里哲學家恩培多克勒提議將諸多形式縮簡成四種基本形式，也就是我們現在稱之為「古典元素」的土、水、火，還有風。這些元素被認為是恆常久遠、堅不可摧的，它們透過相當浪漫的引力「愛」而結合，因為「恨」的斥力而分散，藉以形成世上的萬事萬物。

起源於西元前五世紀哲學家留基伯（和他的學生德謨克利特）的另一支學派則認為，世界是由不可分割且堅不可摧的細小物質粒子（稱作「原子」）和空洞空間（稱作「虛空」）所組成。原子代表了構成一切有形物質的基礎材料，負責組成萬物。留基伯主張原子的存在是必然的基本原則，因為物質顯然不能無限分割；若無限分割是可能的，那麼我們就可以把實體

無止境地分割下去，直到化為烏有，這顯然和無懈可擊的物質不滅定律有所牴觸。

大約一個世紀後，柏拉圖發展出一套理論，解釋原子（物質）如何構成四大元素（組成）。他將每一種元素都表示成正多面體（或稱「柏拉圖立體」），並且在他的著作《蒂邁歐篇》中主張，每個正多面體的每一面都可以再進一步分解成一系列的三角形，這些三角形便代表了構成元素的原子。有可能透過重新排列這些三角形（相當於重新排列原子）使一種元素轉變成另一種元素；或是將元素組合，就能產生新的組成。*

這世界應該存在某種「終極成分」，這似乎是相當合乎邏輯的想法。這種「終極成分」是個不可否認的現實，鞏固了我們周遭所見的世界，賦予組成與形狀。如果物質可以被無止境地分割，那麼我們將到達一個就連終極成分本身都變得相當縹緲的境界，那是「不存在」的境界。在那裡沒有建構萬物的基礎材料，只剩下一些在難以定義的空虛幻影間進行的交互作用，但這些幻影卻是物質**樣貌**的起源。

事實可能有點難以下嚥，不過在很大程度上，這正是現代物理學所揭露的真實樣貌。我們現在在相信「質量」並非那些終極成分與生俱來的特質，也不是其「主要」特性；其實根本沒有質量這回事，質量完全由零質量的基本粒子間交互作用的能

---

* 見柏拉圖《蒂邁歐篇與克里底亞篇》（企鵝出版集團，倫敦，一九七一年）七十三到八十七頁。柏拉圖以一種三角形建構出水、風和火三種元素，至於土元素則是用另一種三角形建構的。因此，柏拉圖認為土元素不可能轉變成其他元素。

量所形成。

物理學家不停分割下去，最後發現原來空無一物。

這種純理論思維是古希臘理論的特色，一直等到十七世紀初發展出正式的實驗哲學後，純理論思維才有被超越的可能。古代哲學家嘗試憑藉直覺來理解有形的物質，但當時的觀察卻受到「世界**該當**如此」的偏見污染；現在的新科學家則透過自然本身修補理論，梳理出「世界**原來**如此」的證據。

主要的問題仍然環繞在組成和物質兩者與生俱來的特性上，質量的概念（亦即對運動中的物體所表現出物質**量**的測量）成為我們對物質的理解核心。物體抵抗加速的阻力就是所謂「慣性質量」，換句話說，用同樣的力道去踢，小物體的加速度會比大物體來得要大。

而物體產生重力場的能力則被解釋為「重力質量」，舉例來說，月球產生的重力比地球弱，這是因為月球比較小，所以具有較小的重力質量。依照經驗，慣性質量與重力質量相等，雖然並沒有令人信服的理論能說明為什麼兩者必須相等。

科學家也揭露了自然界各式組成的祕密。水是古希臘的基本「元素」，但不如柏拉圖所推測，水並不是由三角形構成的正多面體組成的，而是由化學元素氫原子和氧原子所結合而成的分子，如今我們把「水」寫成「H_2O」，其中 H 代表氫原子，O 代表氧原子。

「原子」這個詞在現代的用法，本來是借用自古希臘時期的詮釋，代表了不可分割的萬物基礎材料，但就連原子的實際

樣貌也歷經激烈辯論。英國物理學家湯姆森於一八九七年發現了帶負電的電子，看來輪到原子了，如果我們繼續分割下去，原子也應當具有「次原子」的組成成分。

一九〇九到一一年，來自紐西蘭的拉塞福在英國曼徹斯特大學實驗室進行了湯姆森的後續實驗。他的實驗結果顯示，原子內大多是空無一物的空間，有一個帶正電且非常微小的「原子核」坐落在原子的中央，帶負電的電子則繞行這個原子核，就像行星繞行太陽。原子是構成有形物質之元素，在原子裡，大部分的質量都集中在原子核。因此，組成和物質就在這個原子核裡合而為一了。

即使到了今天，這個「行星」原子模型仍然因為具有視覺隱喻而容易使人相信，但是當時的物理學家馬上就看出這種模型其實毫無道理可言。物理學家預期這種行星原子的本質並不穩定，在電場裡移動的帶電粒子和繞著太陽轉的行星不同，會以電磁波的形式放射出能量，所以像這樣的行星電子會在極短的時間內耗盡能量，原子的內部結構也就隨之崩塌。

二〇年代初期，這個難題的解答終於在量子力學的面具底下浮現。原來電子不只是一種粒子（我們可能會把電子想像成一顆帶負電的小小球），它是一種波，同時**也是**粒子。我們或許會把電子想像成一個位於明確位置的小東西，但事實上並不是如此，在非區域性波函數的規範下，電子不在「這裡」，也不在「那裡」，電子是「無所不在」的。電子並不繞著原子核打轉，相反的，電子的波函數在原子核四周的空間中形成特定的三維型態（稱之為「軌域」），每個軌域的數學形式都和**機**

率有關，而這裡所謂的「機率」，指的是在原子內部某個特定位置找到無比神祕的電子之機率（見圖 1）。

　　無論是在理論物理學還是實驗物理學的領域，量子革命都開啟了史無前例的豐饒時代。當英國物理學家狄拉克於一九二七年結合了量子力學和愛因斯坦的狹義相對論，就蹦出了一個叫做**電子自旋**的新性質。這是實驗學家已經知道的一種特性，可以姑且想像這個性質使得電子會像陀螺一樣沿著軸心旋轉，或是想像成沿著地軸自轉的地球（見圖 2）。

　　但這又是另一個馬上就被發現沒有任何事實基礎的視覺隱喻。如今我們將電子自旋詮釋為純粹的「相對性」量子效應，有兩個可能的「方向」，稱為自旋「向上」和「向下」，而每一個電子的自旋性質都是這兩個方向其一。這裡所說的「上」、「下」並不是慣用的三度空間裡的特定方向，而是在只有兩個維度（上或下）的「自旋空間」裡的方向。

　　原子的每個軌域都可以包含兩個（也只有兩個）電子，這就是奧地利物理學家包立著名的**不相容原理**。包立在一九二五年發展出不相容原理，主張沒有任何電子可以擁有同樣的量子態。不相容原理推導自特定組態波函數的數學形式，此組態需包含至少兩個電子，如果這兩個電子擁有完全相同的物理性質，那麼波函數的振幅就會是零，這種零振幅的組態是不被允許存在的；反過來說，由於波函數的振幅必不為零，那麼這兩個電子一定有某些性質不同。這就意味在原子的軌域上，其中一個電子的自旋絕對是向上，而另一個絕對是向下；換句話說，這兩個電子的自旋必須**成對**。

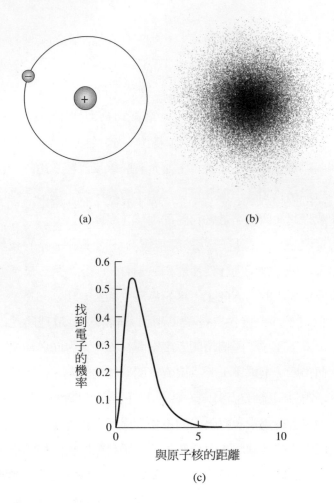

(a)　　　　　　　　　　(b)

(c)

圖 1 (a) 拉塞福的氫原子「行星」模型。單一個帶負電的電子占據一個固定軌道,繞行由單一個帶正電的質子所組成的原子核。(b) 量子機制以電子波函數取代了繞行固定軌道的電子,其最低能量(1s)的結構為球狀對稱。(c) 現在電子可以在波函數局限內的任何地方「找到」,但是機率最高的距離就在舊行星模型所預測的軌道處。

自旋向上　　　　　　　　　　自旋向下

圖 2　一九二七年，狄拉克結合了量子力學和愛因斯坦的狹義相對論，創造出完全「相對性」的量子理論，也蹦出電子自旋這個新性質。想像中，帶負電的電子彷彿會如同字面所述那樣繞著軸心旋轉，因此產生微小的區域磁場。如今我們則單純透過可能的方向（向上或向下）來描述電子自旋。

　　抗拒去想像「不同的自旋方向到底看起來是什麼模樣」的衝動是明智之舉，反正電子自旋的效應已經夠真實了。自旋決定了電子的角動量，也就是和自旋的「轉動」動作相關的動量；自旋也決定了電子與磁場的互動方式，物理學家可以在實驗室裡細細研究其效應。但是在量子力學的領域裡，我們似乎越過了一道門檻，在門檻這一邊，我們有辦法知道造成這些效應的原因為何；而在門檻的另一邊，我們則無能為力。

　　狄拉克的電子相對性量子理論有四組解，比他自認所需的解還多出一倍。其中兩組解對應到電子的兩個自旋方向，那麼另外兩組解代表什麼意思呢？狄拉克有些想法，但到了一九三一年，他才終於承認這兩組解是對應到之前還未知的正電子之自旋方向。狄拉克至此發現了反物質。透過宇宙射線的

實驗，也就是高能粒子在地球大氣層高處互相碰撞，物理學家找到了電子的反粒子「正子」。

一九三二年，謎題的最後一片拼圖似乎出現了，英國物理學家查德威克發現了中子。中子是一種電中性的粒子，在原子核裡緊挨著帶正電的質子。看來物理學家現在已經備齊了所有原料，能夠調配出最終解答了。

答案大致如下：世上一切有形物質都是由化學元素所組成的，而這些形式五花八門的元素構成了周期表，從最輕的氫，排列到自然界中已知最重的鈾。*

每種元素皆由原子構成，而原子具有一個原子核，由數量不同的帶正電質子和電中性中子所組成。元素的特徵在於原子核內的質子數量，氫有一個質子，氦有兩個，鋰有三個，以此類推到鈾，鈾有九十二個。

帶負電的電子環繞在核的四周，數量和質子相對應，所以原子整體是電中性的。電子的自旋方向不是向上，就是向下，而每一個軌域可以容納兩個自旋方向成對的電子。

這是個相當廣泛的答案，建構物質的基礎材料是質子、中子和電子，只要加上包立的不相容原理，我們就可以解釋周期表的結構，解釋所觀察到的物體形狀與密度，也能解釋同位素（質子數量相同，但中子數量不同的原子）為何存在。只要稍作努力，我們還可以解釋化學、生化和材料科學的一切。

根據以上說明，質量一點也不神祕，任何有形物質的質量都可以追溯到其所構成的質子和中子，而質子和中子的質量約略占了原子整體質量的百分之九十九。

想像有一小塊立方體冰塊，由蒸餾過三次的水凝固而成，它的長、寬、高都是二·七公分。拿起來看看，冰塊又冷又滑，並不算重，但你對掌心所感受到的重量感到很好奇。那麼，冰塊的質量到底從何而來？

水（H_2O）是由兩個氫原子和一個氧原子所組成的，只要將這些元素原子核內的質子和中子數量加總起來，就可以得到水的**分子量**。氫原子核只有一個質子，而氧原子核有八個質子和八個中子，所以總共有十八個「核子」。你掌上的冰塊大約重十八公克，† 這個數字與其分子量相等，因此這個立方體代表了固態水的衡量標準，也就是所謂的「莫耳」。

我們知道一莫耳的物質包含了固定數量的組成原子或分子，這個數量叫做亞佛加厥數，比六千億兆（$6×10^{23}$）還要多一些。那麼，答案在此：你掌上這塊冰塊的重量，就是六千億兆個 H_2O 分子（或 10.8 兆兆個質子和中子）的加總結果（見圖 3）。‡

我們必須接受，原子並不像古希臘人曾經以為的那樣堅

---

* 還有比鈾更重的元素，但這些元素不存在自然界中，它們的本質不穩定，因此只能在實驗室或核反應器裡製造出來。鈽也許是最廣為人知的例子。

† 純水在攝氏零度時的密度是每立方公分 0.9167 克，這塊冰塊的體積大約是 19.7 立方公分，所以它的質量比十八公克稍重一些。

‡ 當然，我們必須小心區分重量和質量。這塊冰塊在地球上的**重量**是十八公克，但是在月球上就輕多了，在地球軌道上甚至完全沒有重量。然而，其**質量**在哪裡都是一樣的。依照慣例，我們將質量設定成與地球上的重量相等。

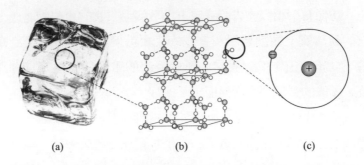

(a)　　　　　　　　(b)　　　　　　　　(c)

圖 3　一塊邊長為二・七公分的立方體冰塊重約十八公克 (a)，它是由略微超過六千億兆個水分子（H_2O）構成的晶格結構所組成的 (b)。每一個氧原子有八個質子和八個中子，而每一個氫原子有一個質子 (c)。所以這塊立方體冰塊大約有 10.8 兆兆個質子和中子。

不可摧，原子可以從一個形態轉變成另一個形態。一九〇五年，愛因斯坦使用他的狹義相對論揭示了質量和能量等價的事實，也就是世上最著名的科學方程式 $E = mc^2$：能量等於質量乘以光速的平方。無論如何，質量的概念並沒有因此遭受破壞，大大相反，這個「質量就是大量能量的累積」之主張，反倒使得質量感覺起來更實在了。

　　實在，但並非永恆不變。愛因斯坦的理論顯示物質（質量）本身並不守恆，它可以與能量互相轉換。當鈾 235 原子遭受快速運動的中子轟擊而產生分裂，在接下來的核反應過程裡，大約有五分之一的單一質子質量會轉變成能量。當我們把這個質能互換的過程放大到一顆重達五十六公斤的炸彈芯，這顆炸彈芯是由純度百分之九十的鈾 235 所製成，釋放出的能量

之大，足以使得日本廣島在一九四五年八月被夷為平地。

　　但事實上愛因斯坦想探查的是更深層的真相，他在一九〇五年發表了論文〈物體的慣性與其所含能量有關嗎？〉，[1]從標題便有跡可循。愛因斯坦明白 $E = mc^2$ 真正的意思是 $m = E/c^2$：慣性質量只是另一種形式的能量。*還要再過六十年，這項觀察的深刻含意才會變得顯而易見。

　　到了三〇年代中期，質子、中子和電子這些基礎材料似乎替我們的開場問題提供了一個廣泛的答案，但事情還沒完。某些元素的同位素很不穩定，這是從十九世紀末期就知道的事，這些同位素具有放射性，也就是說，它們的原子核在一系列的核反應中自發性地衰變了。

　　放射性可以分成幾個不同的種類，其中一種在一八九九年被拉塞福稱作「貝他放射性」（beta radioactivity），貝他放射性牽涉到原子核內的中子轉變成質子的過程，同時噴出高速電子（即「貝他粒子」）。這是大自然的鍊金術，原子核內的質子數量一旦改變，化學特性也必然會改變。†

　　貝他放射性暗示了中子是不穩定的複合粒子，所以根本就不「基本」。放射過程中另外還有能量不平衡的問題，原子核內的質子在轉變時所釋放的能量理論值並沒有全部轉移到

---

* 其實，方程式 $E = mc^2$ 並不是以這樣的形式出現在愛因斯坦的論文裡。

† 幸好這世上的黃金還能保值，因為沒有便宜的方法能將常見的金屬轉變成黃金。

放射出去的電子身上。一九三○年，包立認為他別無選擇，只能主張這些在反應中「消失」的能量，是被一種還未能觀察到的不帶電輕粒子帶走了，這種粒子最後被稱之為**微中子**（neutrino，就是微小、電中性的粒子之意）。當時物理學家認為這樣的粒子不可能偵測得到，但微中子還是在一九五六年時被發現了。

是時候進行盤點了。有一點是很明確的，物質依靠力而結合在一起，除了重力之外，現在我們認為有另外三種力作用在所有的物質上，在原子內部扮演了重要的角色。帶電粒子之間的交互作用是透過電磁理論當中的作用力來描述，在十九世紀，這方面有許多值得一提的成就，尤其是奠定了電力工業基礎的開創性成果，更使得電磁力成為廣為人知的一種力。一九四八年，美國物理學家費曼、施溫格和日本物理學家朝永振一郎提出了一種電磁場的量子理論，並具有完整的相對性，他們稱之為「量子電動力學」（QED）。在量子電動力學底下，帶電粒子之間的引力和斥力乃是透過所謂的媒介子來「傳遞」。

舉例來說，兩個電子彼此接近時，會交換媒介子，使得它們互相排斥（見圖4）。電磁力的媒介子是光子，也就是構成普通光的量子粒子。量子電動力學很快就成為一套具有空前預測力的理論。

還有另外兩種力要解決。電磁力無法解釋質子和中子如何被束縛在原子核內，也無法解釋和貝他放射性衰變有關的交互作用。這些交互作用發生在相當不同的能量等級，不是單一一

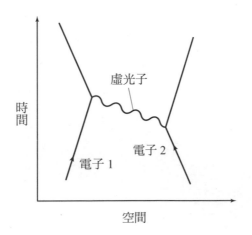

圖 4　根據量子電動力學的描述，兩個電子的交互作用示意圖。兩個帶負電的電子之間具有電磁斥力，意味它們在最靠近的時候交換了一個虛光子。這個光子是「虛」的，代表它在交互作用期間並不可見。

種力就能兼顧的，所以我們需要兩種力，一種是「強核力」，負責維持原子核的穩定；另一種是「弱核力」，主宰原子核的某些變化。

　　我們現在就要進入本書即將敘述的物理學時代了。在接下來的六十年內，理論和實驗粒子物理學已經帶我們來到標準模型，也就是基礎量子場論的集合，物理學家使用標準模型描述所有物質，以及所有物質粒子間的作用力（重力除外）。理解標準模型最容易的方式，就是來一趟穿越標準模型歷史的快速導覽；而這趟導覽同時可以讓我們體會到，就我們對物質宇宙

的理解而言，標準模型究竟代表了什麼意義。

　　旅程從一九一五年開始，第一站是僻靜的德國大學城哥丁
根。

第一部

發明

第一章
如詩般的邏輯概念

德國數學家諾特發現守恆定律和自然界對稱性之間的關聯。

我們或許會同意，科學有一個目標，在於解釋這世界是由什麼組成的，還有在組成方式背後的理由。為了尋求這個目標，就必須闡釋物質的基礎成分，以及操控物質行為的自然法則。

如果我們能同意這一點，接著也許就得承認，並不是所有的「法則」都同樣基本。在十七世紀時，克卜勒耗費多年光陰，與布拉赫精心記載的天文紀錄艱苦纏鬥，最後推導出三個主宰行星繞日運動的定律。這些定律非常有用，但卻掩蓋了更為基本的解釋，克卜勒無法說明行星為何以如此的方式繞行太陽。牛頓的萬有引力恰好提供了解釋，他的定律在兩百年間屹立不搖，直到最後被愛因斯坦的廣義相對論取代，我們才知道，萬有引力原來是物質和彎曲時空相互影響的表象。

那麼，到底什麼是「基本」定律？這個問題也許沒那麼難回答。我們對自然界的許多理解都建立在看似簡單的**守恆**定律上，古希臘人認為物質是守恆的，他們幾乎沒有說錯。愛因斯

坦後來揭露物質能轉化成能量，而從能量之中也能湧現物質。

物質本身並不守恆，但是「質能」守恆。無論我們如何嘗試，我們就是無法產生或摧毀能量，只能把能量從一種型態轉變成另一種。在任何目前已知的物理交互作用中，能量都是守恆的。

線動量（或簡稱動量）也是。所謂線動量，就是物體質量乘上直線速度後所得到的值。依一般經驗，線動量乍看之下似乎是不守恆的。主題樂園裡有個熱門的遊樂設施，會把尋求刺激的遊客沿著軌道以水平高速「發射」出去，*軌道繞了一圈，載著乘客的車廂接著爬上一道陡坡，逐漸失去動量後暫停下來，然後重力接手將車廂拉下陡坡。這時車廂重新獲得動量，**倒退**繞過剛才那個圈圈，最後才靜止下來。看來線動量顯然不守恆，因為車廂在爬上陡坡後會停住不動。

但其實這只是表象。在車廂失去動量的時候，車廂下方的整個世界，以及車廂所依附的軌道都得到了極微小的動量，所以動量整體是守恆的。

角動量的情況也一樣。角動量是旋轉物體的動量，計算方式是將線動量乘上距離轉動中心的距離。花式溜冰選手會伸出雙手、單腳站立旋轉，當選手將四肢往她的質量中心（或簡稱質心）收回，四肢和轉動中心之間的距離縮短了，就可以轉得更快。這就是運動狀態下的角動量守恆。

---

* 八〇年代初期，我在加州擔任博士後研究員時就很愛玩這個遊樂設施。我記得它叫做「滔天巨浪」。

　　如同線動量的例子所示，這些定律並不直覺，好幾個世紀以來都隱而不顯。想要清楚說明守恆定律，首先就必須先知道究竟有哪些「量」是守恆的，但在十九世紀之前，能量的概念還未能正確地公式化，世人也缺乏相關的理解。

　　幾個世紀以來，物理學家進行了許多碰運氣的實驗和理論，今日所見的守恆定律代表了這些嘗試的最高點。這些定律雖然很基本，卻還是給人一種符合經驗的感覺。換句話說，這些定律是透過觀察和實驗而得到的，並不是推導自自然界某種底層、基礎的理論模型。在能量和動量的守恆定律背後，是否潛藏著更深層的原則呢？

　　在一九一五年，德國數學家諾特無疑是這麼認為的。

　　一八八二年三月，諾特出生於巴伐利亞的埃蘭根。她的父親是埃蘭根大學的數學家，諾特在一九〇〇年進入該大學就讀，全校只有兩位女學生。埃蘭根大學就和當時所有的德國學術機構一樣，並不想鼓勵女學生就讀，所以諾特不得不先尋求講師允許，才能上他們的課。

　　諾特於一九〇三年夏天畢業後，在哥丁根大學度過冬天。她在那裡接觸到由數位德國頂尖數學家（包括希爾伯特和克萊因）所開設的講座，之後又回到埃蘭根為自己的論文努力，然後於一九〇八年成為該大學的無給職講師。

　　她對希爾伯特的研究很有興趣，接連發表了幾篇延伸自希爾伯特抽象代數方法的論文。希爾伯特和克萊因都對她的論文感到印象深刻，在一九一五年初，他們打算把她帶回哥丁根大

學，加入教職員的行列。

不過他們的想法遭到強力阻撓。

「等我們的士兵回到大學，卻發現他們必須在一個女人的腳下學習，他們會怎麼想？」教職員裡的保守分子這麼爭辯道。

「我看不出候選人的性別怎麼會是反對讓她擔任助理教授的理由，」希爾伯特反駁道，「我們畢竟是大學，不是澡堂。」[1]

希爾伯特辯贏了，於是諾特在一九一五年四月搬到哥丁根。

抵達哥丁根後沒多久，諾特便制定出一套公式，後來成為物理學的著名定理。

諾特推論出，物理量（像是能量和動量）的守恆原理可以追溯到特定的定律，在這些定律當中，某些連續的對稱性變換與守恆定理是相關聯的。換句話說，守恆定律其實是自然界底層對稱性的表現。

我們傾向將對稱性想像成鏡相反射：左對右、上對下、前對後。如果某個東西的對稱中心或對稱軸的兩邊看起來一樣，我們就說這東西是對稱的。在這種情況下，對稱「變換」就像是在鏡子裡反射某個物品，如果這個物品在經過「變換」後沒有改變（或說它具「不變性」），我們便稱之為對稱。

舉個例來說，臉部對稱性似乎深植於人類的審美觀，是潛意識裡對基因品質的判斷指標。那些被捧為型男正妹的人通常

圖 5　我們傾向以鏡相反射來理解對稱性，如果某個東西的對稱中心或對稱軸兩邊看起來一樣，我們就說它是對稱的。此處由名演員伊麗莎白赫莉示範臉部對稱和古典美之間的關係。

擁有比較對稱的臉，一般而言，我們也比較傾向和自己認為好看的對象發生關係（見圖 5）。*

　　上述對稱性變換的例子被認為是「不連續」的，必須從一種觀點瞬間「翻轉」成另一種，例如從左到右。這和諾特定理中連續、逐步改變的對稱性變換是相當不同的，就像是圓形的連續轉動。如果我們將一個圓形轉動，轉動的角度極小，從圓心的位置去測量幾乎是微不足道，那麼這個圓形看起來和原本一樣，所以我們說圓形具有連續轉動變換下的對稱性。方形就不能以此類推了，方形得經過九十度的不連續轉動才會對稱（見圖 6）。

─────────

*有證據顯示，女人的身體在排卵前的二十四小時實際上會變得更為對稱。見貝茨和克里斯所著的《人類臉譜》（英國廣播公司叢書，倫敦，二〇〇一年）第一百四十九頁。

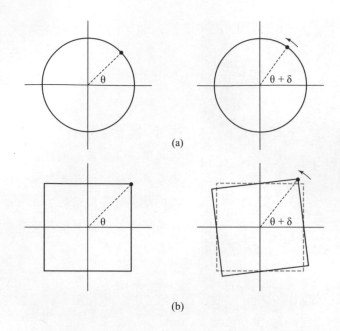

(a)

(b)

圖 6 連續的對稱性變換牽涉到連續變數（比如說距離或角度）微量的增加。(a) 當我們以小角度（δ）旋轉圓形，圓形看起來沒有改變（或者說圓形具「不變性」），那我們就說圓形之於這種變換是對稱的。(b) 相反的，方形在同樣的情況下就不是對稱的。方形要**不連續**旋轉九十度，才會對稱。

　　諾特定理將每一種守恆定律都連結到一種連續的對稱性變換。諾特發現主宰能量的定律在**時間**的連續改變（或「移動」）下不變，換句話說，描述能量變化的數學式子在 t 時刻，與 t 之後經過一段無限小時間的某一時刻是完全一樣的。這種不隨時間改變的恆定性，正是我們對「定律」當中的物理量彼此關係的期待。定律必須在昨天、今天和明天都一模一

樣，才讓人覺得可靠。如果描述能量的定律不隨時間改變，那麼能量**必然**守恆。

諾特也發現線動量在連續的**空間移動**下具有不變性。主宰線動量守恆的定律與空間中的任何特定位置無關，不管是在這裡、在那裡、在隨便哪裡都無所謂。至於角動量，則是在轉動對稱性的變換下維持守恆，如同上述的圓形例子，無論從轉動中心測量到的**方向角**為何，定律都是一樣的。

在諾特定理中所能企及的邏輯大致如上所述。在物理學的領域裡，如果我們細心觀察和實驗，就會發現某些物理量的守恆性；在付出許多心力後，物理學家推導出左右這些物理量的定律，他們發現這些定律在某些連續的對稱性變換底下都具有不變性。這就意味著，那些受到定律影響的物理量**也必須**守恆。

這套邏輯也可以反過來思考。假設有一種物理量看似守恆，但是決定其行為的定律還未能被恰當地解釋，那麼如果這物理量確實守恆，則相對應的定律（不管其內容究竟為何）一定在某種特定的連續對稱性變換之下具有不變性。若我們能找到這個對稱性究竟為何，那麼我們在辨認定律的路途上就走對了方向。

反向的諾特邏輯提供了一個能夠避免大量瞎猜理論的方法，也指引物理學家一套判別定律真偽的辦法，有助於排除五花八門的可能數學結構。尋找隱藏在物理量底下的對稱性，便是通往解答的捷徑。

的確有一種物理量顯現出嚴格的守恆性，但適當的定律卻

還沒能推導出來。那就是電荷。

　　早在古希臘時代，靜電現象就為哲學家所知，他們發現可以藉由摩擦物質（像是琥珀和毛皮）產生電荷，甚至火花。電學的研究是一段漫長而輝煌的歷史，參與其中的角色眾多，值得一提的是任職於倫敦皇家研究院的英國物理學家法拉第，他將大量的觀察和實驗結果統合成單一理論，用以描述電荷的自然性質。許多實驗結果都導向相同的最終結論：電荷無法透過任何物理及化學變化生成或消滅。電荷，是守恆的。

　　電荷和磁力之間有著相當神祕的關聯，也有許多用來解釋電荷和磁力的定律，包括庫侖定律、高斯定律、安培定律、畢歐－薩瓦定律、法拉第定律等等。在十九世紀的六〇年代早期，蘇格蘭物理學家馬克士威在電磁學領域貢獻卓越，可比美牛頓在行星運動方面所達到的成就，他提出一套大膽的綜合理論，可與法拉第統合實驗結果的壯舉相提並論，馬克士威的優美方程式與運動電荷所產生的電場和磁場緊密結合。*

　　馬克士威方程式也顯示，所有電磁輻射（包括光）都能用波動來描述，波速可以透過兩個已知的物理常數計算得出，也

---

*該是時候解釋所謂的「場」為何物了。「場」和「作用力」（如重力或電磁力）有著很緊密的關聯性，圍繞著產生「作用力」的物體四周，空間中的每一點都存在著某種強度和方向的力，這種「作用力」在空間中的分布就是「場」。你可以在「場」中擺放一個易受該力作用的物體，藉此偵測到「場」的存在。隨便拾起任何物體（最好是摔不壞的），然後放開它，在你放手的那一點，重力場的強度和方向便操控了這個物體的反應，物體會感受到力，然後掉到地上。

就是真空中的電容率和磁導率。真空中的電容率用來表示空間當中傳送電場或「允許」電荷產生電場的能力，而真空中的磁導率則是代表空間當中在一個運動電荷四周圍生成磁場的能力。當馬克士威根據他的電磁理論將這兩個常數結合起來，他便算出「電磁波」的波速正好等於光速。

但是馬克士威方程式處理的是電荷產生的**場**，而不是電荷本身，當然這兩者密切相關，但是他的方程式缺乏對電荷守恆的基礎解釋。此時諾特定理提供了一道曙光，尋找電荷守恆的定律，其實就是在尋找其相關的連續性對稱變換，而且電荷守恆定律在這種連續性的對稱變換底下具有不變性。

這趟追尋之旅由德國數學家外爾接手。

外爾於一八八五年出生在漢堡附近的小城艾母士杭；他在哥丁根大學希爾伯特的指導下，於一九〇八年取得博士學位。外爾隨後接受了蘇黎世聯邦理工學院的教授職位，他在那裡結識了愛因斯坦，逐漸對數學物理學的問題感到著迷。

愛因斯坦在一九一五年發展廣義相對論的途中，已經排除了絕對空間和絕對時間的概念。他主張物理應該只依靠點和點之間的距離，以及每個點的時空曲率來決定，這就是愛因斯坦的**廣義協變性**原理（general covariance），據此得到的重力理論在任意轉換座標系統之下仍然具有不變性。換句話說，雖然這世上有自然的物理定律，但宇宙中並沒有「自然的」座標系統；我們發明座標系統，是因為有助於描述物理現象，但是定律本身不應該（也不會）隨著座標系統的任意選擇而有所不同。

改變座標系統的方式有兩種。第一種是進行**全域性**
（global）的改變，將改變均等地套用到時空中的所有點。舉
例來說，全域性對稱變換就像是把製圖員用來對應地球表面
的經緯線全部一起平移，只要改變是均勻的，而且套用到全
球，那麼這種改變並不影響我們從甲地導航到乙地的能力。

但是改變也可以是**區域性**（locally）的，也就是對時空中
的不同座標產生不一樣的改變。舉例來說，我們可以選定空間
中的某一特定區域，將我們的座標軸旋轉一個小角度，同時改
變座標的比率。假設這種改變能透過測量位置和時間的差異來
做一個適當的轉換，那麼就不會影響廣義相對論的預測。「廣
義協變性」就是在區域性對稱變換下仍具有不變性的一個例子。

外爾對諾特定理進行了長久的苦思，同時努力研究一種可
說明連續性對稱變換的「群的理論」，這個「群」稱為「李
氏群」（Lie group），是以十九世紀的挪威數學家李為名。
他在一九一八年得到了以下結論：守恆定律和一種局部性對
稱變換是有關係的，並將此對稱性命名為**規範對稱**（gauge
symmetry）。可惜「規範對稱」是個相當晦澀難解的術語，這
名字的由來是受到愛因斯坦對於時空的研究成果所啟發，外爾
認為，像這樣與時空中各點之間距離相關聯的對稱性，就像是
火車跑在「規範」過、擁有固定間距的軌道上。

他發現到，只要將「廣義協變性」推廣成一種「規範不變
性」（gauge invariance），就能夠以愛因斯坦的理論為基礎，
推衍出馬克士威的電磁學方程式，外爾的發現似乎可以統一電
磁力和重力這兩種科學界已知的力。因此，對於守恆定律所牽

涉到的「場」，如果我們將「場」的「規範」做任意改變，就有可能影響此守恆定律所對應到的不變性。外爾希望透過這種方式，解釋能量、線動量、角動量，**和**電荷的守恆性。

外爾原本認為他的規範不變性是來自於空間本身，但是愛因斯坦隨即指出，這就意味了測量的結果會受到物品在空間中最近的移動歷史所影響，不管是測量棒子的長度、或是時鐘的讀數等等，也就是說，沿著房間移動的時鐘無法再正確計時。愛因斯坦在寫給外爾的信上抱怨道：「無論如何，你的理論是心靈上偉大的成就，但它偏離了物理事實。」[2]

外爾對愛因斯坦的批評而感到不安，但還是接受了愛因斯坦的直覺，因為愛因斯坦對於時空的直覺通常都很可靠。外爾就這樣拋棄了他的理論。

奧地利物理學家薛丁格在三年後（一九二一年）加入蘇黎世大學的教職員行列，就職的區區幾個月後，他就被診斷出疑似罹患了肺結核。醫生命令他完全放下工作靜養，薛丁格便和他的妻子安妮隱居到阿羅沙的度假聖地阿爾平，住進那裡的一棟別墅裡，時尚的滑雪聖地達弗斯就在附近。他們在阿爾平待了九個月。

在安妮照料他恢復健康的同時，薛丁格思索著外爾的規範對稱的重要性，尤其是出現在外爾理論中具有周期性的「規範因子」（gauge factor）。一九一三年，丹麥物理學家波耳發表了原子結構理論的細節，在他的理論中，電子繞行原子核時，只能擁有特定的能量值，而此能量的大小由電子的「量子

數」所決定。這些整數從最內層到最外層的軌道以線性增加（1，2，3……），完全主宰了軌道上的能量。在當時，波耳理論背後的原因完全是個謎。

外爾的規範因子隱含了周期性，波耳量子化的原子軌道也暗示有周期性，薛丁格為了兩者之間可能的關聯性感到困惑。他檢驗了幾種規範因子的可能形式，包括複數在內（複數是由實數乘上「虛」數 i 而組成的，i 就是 –1 的平方根）。[*]薛丁格在一九二二年發表了一篇論文，他認為這兩種周期性之間的關聯，具有很重大的物理意義。不過當時出於薛丁格模糊的直覺，要一直等到他讀過法國物理學家德布羅意一九二四年的博士論文後，他才會看出這種關聯的真正重要性。

德布羅意主張，既然電磁「波」可以表現出「粒子」的行為特質，[†]那麼或許像電子這樣的「粒子」，有時候也可以出現「波」的行為。姑且不論「物質波」到底是什麼東西，它在任何方面都不能和我們熟悉的波現象（比如說聲波或水波）相類比。德布羅意總結道，物質波「代表了**相位**在空間當中的分布，也就是說，它是一個『**相波**』（phase wave）。」[3][‡]

薛丁格開始認真思考：描述電子「波」的數學，應該是怎樣的模樣？他在一九二五年的聖誕節再次隱居到阿羅沙，但此時薛丁格和妻子的關係空前低落，所以他選擇邀請一位舊女友從維也納過來陪伴他，他也把閱讀德布羅意的論文時所製作的筆記一起帶了過去。當薛丁格在一九二六年一月八日回來時，他已經發現了**波動力學**（wave mechanics），這套理論將電子描述為「波」，而波耳原子理論裡的軌道則被視為電子的

「波函數」（wavefunctions）。

　　該是把所有的關鍵要素相連起來的時候了。對稱群 U(1) 代表的是變換單一個複數所組成的么正群（unitarity group），U(1) 正是李氏群的一個例子。其中所牽涉到的對稱變換，在許多方面都可以完全被類比成圓形的連續轉動，不同的是，一般的圓形是畫在真實維度構成的二維平面上，而對稱群 U(1) 的變換所牽涉到的轉動，則是發生在二維的**複數平面**上。所謂「複數平面」也具有兩個維度，其中一維是「實」維度，另一維則由「實」維度再乘上 i 之後所構成。

　　正弦波**相角**的連續變換（見圖 7），是表現 U(1) 對稱群的另一種方式，不同的相角對應到波在波峰和波谷之間循環的不同振幅。如果電子波函數的相位變化和相對應的電磁場變化是吻合的，那麼外爾的規範對稱就可以不受到破壞。而電荷的守恆性也可以和電子波函數的區域性相位對稱連結起來。

＊之所以說 i 是「虛」數，只是因為 -1 的平方根不可能計算得出，任何正數或負數的平方永遠都是正數；但是即使 -1 的平方根不存在，也無法阻止數學家使用它，因此任何負數的平方根都可以透過 i 來表示。舉例來說，-25 的平方根是 $5i$，我們就稱這樣的數為複數或虛數。

† 愛因斯坦在一九○五年時稱這種電磁粒子為「光量子」，現在我們叫它「光子」。

‡ 環繞運動場進行的波浪舞就是一種我們所熟悉的「相波」。波浪舞的「波」是透過每一位觀眾改變位置所產生，觀眾個體從高舉雙手站立（波峰），到坐在位子上（波谷）。許多觀眾配合而成的協調運動於是產生了相波，其環繞運動場的速度要比觀眾個體本身的動作來得快上許多。

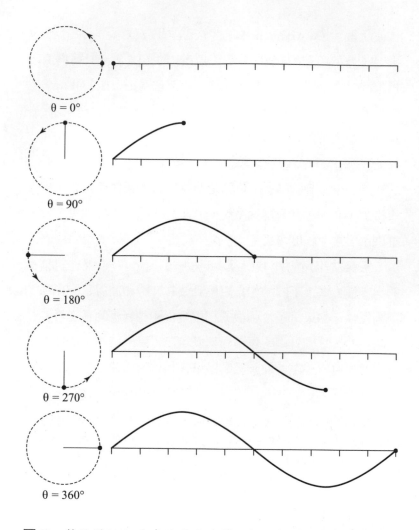

$\theta = 0°$

$\theta = 90°$

$\theta = 180°$

$\theta = 270°$

$\theta = 360°$

圖 7 對稱群 U(1) 代表的是變換單一個複數所組成的么正群。實軸和虛軸構成複數平面,在複數平面上沿實軸從原點畫出一條線到某一點,再依連續角 θ 轉動這條線,就得到了一個圓,我們能夠在圓周上明確標示出任何複數。θ 角即為相角,表示出這種連續的對稱性和簡單波動之間有很深的關聯。

　　等到一九二七年，德國的年輕理論學家倫敦（人名）和蘇聯物理學家福克終於能明確指出波動力學和外爾的規範理論之間的關聯；於是，外爾在一九二九年重新整理了他的理論，並擴展到量子力學的領域中。

　　德布羅意的「波粒二象性」暗示電子可以同時視為波和粒子，但是這怎麼可能呢？粒子是區域性的、是具有實體大小的東西，而波是介質當中的擾動，並沒有區域的限制（想想將石頭丟入池中而激起的漣漪）。換句話說，粒子必須有明確的位置，但波卻可以同時出現在很多地方。

　　波粒二象性在物理學上的必然結果，就是我們無法同時準確測量量子粒子的位置及動量（尤其是速度和方向）。想看看，如果我們能夠測量「波」粒子的確切位置，那就意味著它在時空中是被「區域化」的，它可以明確地出現在「這裡」。對波而言，明確的位置只有在組合了大量不同頻率的波形後才有可能發生，因為將大量波形疊加後產生的波會在空間中的某個位置顯得很大，而在其他地方都很小。我們可以利用這樣求得波的位置，付出的代價是產生對頻率的不確定性，因為這個波必須由許許多多不同頻率的波所組成。

　　但是在德布羅意的假說裡，波頻率的倒數和粒子動量直接相關，＊所以頻率的不確定性就代表了動量的不確定性。

＊ 德布羅意關係式寫成 $\lambda = h/p$，其中 λ 是波長（與頻率的倒數相關），h 是普朗克常數，p 是動量。這就意味著 $p = h\nu / c$，其中 c 是光速而 ν 是頻率。

　　相反的情況也一樣成立。如果我們想要精準地量測到波的頻率，然後藉此求出粒子的動量，那麼我們只能利用具有單一頻率的單一個波，但這麼一來，我們就不能將它定位了。「波」粒子將會散布在空間中，我們再也無法精確地測量它的位置。

　　德國物理學家海森堡在一九二七年發現了著名的「測不準原理」，就是以位置和動量的不確定性為基礎。「測不準原理」本身是量子物體具備有波粒二象性的直接、而且必然的結果。

　　外爾在一九三○年回到哥丁根，接任希爾伯特退休後留下的教授職缺，並加入諾特的研究陣營。諾特這些年來一直留在哥丁根，除了在一九二八年到二九年的冬天離開至莫斯科國立大學進行短期研究。

　　一九三三年一月，希特勒就任德國總理。幾個月後，希特勒的國家社會主義政府通過了「重建職業公務員體系法」，這是希特勒頒布的四百條法令的第一條。該法令提供了法源依據，讓納粹黨人能夠禁止猶太人擔任公職，包括德國各大學的學術職位在內。

　　外爾的妻子是猶太人，於是他離開德國，到新澤西州的普林斯頓高等研究院加入愛因斯坦的團隊。諾特也是猶太人，她失去了哥丁根大學的教職，在這之前她始終未能升任全職教授。她離開哥丁根，來到布林茅爾學院，那是一所位於賓州的文理學院。她在兩年後過世，享年五十三歲。

在她過世後，「紐約時報」上旋即出現了一篇由愛因斯坦所寫的訃聞：[4]

若要評斷誰會是當今世上最稱職的數學家，諾特小姐是自女性高等教育實施迄今，最有創意的數學天才。在諸多天資最聰穎的數學家努力了數世紀的代數領域裡，她發現的方法已證明對今日年輕一代數學家的養成極為重要。純數學當中具備的是如詩般的邏輯概念。對最普遍的運算概念的追求，最終將導向一個簡單、有邏輯且統一的形式，涵蓋所有可能的正式關係。在邁向邏輯美感的努力途中，我們發現，心靈公式是探究更深層自然定律的必經之路。

第二章
不是個好理由

楊振寧和米爾斯嘗試發展解釋強核力的量子場論，並惹惱了包立。

　　狄拉克在一九二七年結合了量子理論和愛因斯坦的狹義相對論，發現電子自旋和反物質。狄拉克的方程式很適切地被視為絕對的奇蹟，但物理學家同樣很快就意識到，這並不是故事的結局。

　　物理學家開始承認，他們需要一個具有完備相對性的量子電動力學（一般簡稱 QED），這套理論本質上會是馬克士威方程式的量子版本，且合乎愛因斯坦的狹義相對論，還需要合併量子版本的電磁場。

　　有些物理學家相信「場」比「粒子」更基本，一般認為，對量子場適當的描述應該要能產生場的「量子」（quanta），量子是與場本身相對應的粒子，負責在兩個交互作用的粒子間，將媒介力從一個粒子媒介到另一個粒子。光子似乎很明顯是量子電磁場的粒子，隨著帶電粒子的交互作用被產生或消滅。

　　在一九二九年，德國物理學家海森堡和來自奧地利的

包立便發展出了這樣一個版本的量子場理論，但有個大問題，這兩位物理學家發現他們無法精確解出場方程式（field equations）。換句話說，替這個場方程式求得單一且具有自身完備性（self-contained）的數學表達式，而且讓這個數學表達式被運用到所有條件底下，是一件不可能辦到的事。

海森堡和包立必須求助另一種方法來解出場方程式，其基礎稱作「微擾展開式」（perturbation expansion）。在這個方法中，方程式被拆解成無窮級數的和，此無窮級數可展開為：$x^0 + x^1 + x^2 + x^3 + \cdots\cdots$，級數的第一項是能夠被精確求解的「零階」（或「零作用」），再接著加入額外（或「微擾」）的項，代表一階（x^1）、二階（x^2）、三階（x^3）等等的修正。原則上，表達式裡的每一項都對零階的結果提供了愈來愈小的修正，逐漸使計算趨近於實際結果。所以最終結果的準確度，端視計算裡所包含的微擾項之個數而定。

但是他們沒有找到愈來愈小的修正項，反而發現微擾展開式裡的某些項會迅速擴展成無限大。當結果被應用到電子的量子場論，這些無限大的項被認為是由電子的「自有能量」所致，也就是電子和自身的電磁場互動後的結果。

明確的解法仍未可得。

先暫時把這個問題放到一邊。查德威克於一九三二年發現了中子，在中子發現後的幾年內，義大利物理學家費米使用高能量的中子轟擊不同化學元素的原子，希望藉此尋找有趣的新物理。因為對費米的實驗結果感到困惑，德國化學家哈恩和斯

特拉斯曼研究了鈾原子在接受過中子轟擊後的產物，但得到的結果更加難解。哈恩的長期研究夥伴邁特納和她的物理學家外甥弗里施逃離了納粹德國，甥舅兩人在一九三八年的聖誕夜，熱烈地討論哈恩和斯特拉斯曼的研究結果，最終促成了核分裂的發現。

邁特納和弗里施的研究成果於一九三九年一月公諸於世，這是個不祥的發現，僅僅九個月後，第二次世界大戰就開打了。物理學家的身分從「空想的無用學者」搖身一變，成為各國最重要的戰爭資源，此刻他們正致力於將核分裂的發現轉變成世上最致命的戰爭武器。

時間好不容易來到一九四七年，終於是時候把注意力轉回量子電動力學裡頭的問題了；據稱理論物理學陷入低迷，已經有將近二十年的時間了。

但是另一次創造力的大爆發很快就來了。在一九四七年六月，一群頂尖美國物理學家聚集起來，參加一場只有受邀者才能與會的小型會議，地點在紐約長島東端的雪爾特島，一間名叫「公羊頭旅社」的隔板小飯店。

會議陣容相當非凡，其中包括了奧本海默（原子彈之「父」）、貝特（洛色拉莫士科學研究所理論部負責人）、魏斯科普夫、拉比、泰勒、凡扶累克、馮諾伊曼、蘭姆，以及克拉莫。新一代的物理學家代表為惠勒、派斯、費曼、施溫格，還有奧本海默之前的學生塞伯和玻姆。愛因斯坦也受邀參加，但因為健康問題而拒絕了。

這些物理學家耳聞一些叫人心神不寧的新實驗結果，實驗顯示，氫原子在兩個量子態之間具有微小的能量差值，這種現象後來被稱作**蘭姆移位**，以其發現者蘭姆命名。根據狄拉克的理論所預測，這兩個量子態的能量應該完全一致才對。

不只如此，拉比宣布了電子 G 因數（g-factor）的新測量值，這是一個反應單一電子和磁場之間交互作用之強度的物理常數，實驗結果是 2.00244，但根據狄拉克的理論預測，G 因數應當恰好為 2。

這些實驗結果顯示，缺乏完備的量子電動力學，就無法有準確的理論預測值。看來儘管現存的量子電動力學在數學結構上有些問題，但自然界卻完全沒把數學式中的無限大當一回事。物理學家必須找個方法解決這些矛盾。

漫長的討論持續到夜裡，物理學家分成兩三人一組，走廊迴盪著他們的爭論聲，就像是他們重拾了對物理的熱情。施溫格後來談到：「這些物理的問題被壓抑了五年，這是第一次大家能夠彼此盡情交談，而不會有某個人從肩膀後面探頭問：『你們談論的事有得到批准嗎？』」[1]

於是，在尋找物理真相的路上終於出現了一線曙光。荷蘭物理學家克拉莫提出一種新思維來看待電磁場中的電子質量，他建議將電子自身的能量視為對質量的額外貢獻。

在會議結束後，貝特回到紐約，搭上火車前往斯克內塔第，他在那裡擔任奇異公司的兼職顧問。他坐在火車上，把玩著量子電動力學的方程式。現存的量子電動力學預測蘭姆移位為無限大，這是電子與自身電場交互作用下的必然結果。貝特

遵照克拉莫的建議，將微擾展開式裡那些無限大的項當成電磁場的質量效應。接下來該如何擺脫這些無限大呢？

他推測這些無限大的項，可以直接被減法運算消除掉。當電子被束縛在氫原子裡，電子的微擾展開式會包括一個無限大的質量項，但是自由電子的展開式也同樣包含一個無限大的質量項，為什麼不直接把這兩個微擾展開式相減呢？這樣就可以消掉無限大的項了！乍聽之下，以無限大減去無限大，應該會產生荒謬的解答，* 但是貝特發現，在非相對性、簡單版本的量子電動力學裡，這樣相減的做法雖然不完美，但產出的結果合理多了。他想通了，在完全遵從愛因斯坦狹義相對論的量子電動力學裡，這種「重整化」（renormalization）的過程可以讓無限大的問題消失無蹤，並得到合乎物理現實的答案。

利用重整化讓方程式的行為變得合理，因此貝特能夠大略預測蘭姆移位的大小。貝特不確定他在計算中引進因數 2 是否正確，所以在前往奇異公司的研究實驗室路上，他很快跑了一趟圖書館，確認自己沒有弄錯才安心。他後來算出蘭姆移位的預測值，只比蘭姆在雪爾特島會議上報告的實驗數據大了百分之四。

---

* 不相信嗎？用簡單的例子來試著算看看吧。整數的無窮數列之和（1＋2＋3＋4＋……）顯然是無限大，但是呢，偶數的無窮數列之和（2＋4＋6＋8＋……）也是。所以讓我們以無限大減去無限大，用整數無窮數列減去偶數無窮數列，就得到奇數的無窮數列，而奇數的無窮數列之和（1＋3＋5＋7＋……）也是無限大，這是完全「合理」的結果。以上例子出自葛瑞賓的著作第四百一十七頁。

　　這絕對是一個大發現。

　　物理學家花了一點時間，才利用貝特的方法進行重整化，發展出更確實的相對性量子電動力學。一九四八年三月，有一場會議於波科諾莊園旅社舉行，地點在賓州斯克蘭頓附近的波科諾山脈。在其中一場馬拉松式的五小時座談會上，施溫格描述了一種版本的量子電動力學，但是他使用的數學太晦澀難解了，看起來只有費米和貝特從頭到尾聽懂他的推導過程。

　　於此同時，施溫格在紐約的對手費曼也發展出一套方法來描述、追蹤量子電動力學裡的微擾修正項，這套方法與施溫格所使用的大不相同卻更加直觀。他們兩人對彼此的方法都不了解，但是當他們在施溫格的座談會尾聲比對了雙方的筆記，便發現兩邊得到的結果是一模一樣。「我這才知道我沒有瘋。」費曼說。[2]

　　看來這件事已經大致底定了，但是奧本海默在從波科諾會議回來後不久，就接到了一封來自日本物理學家朝永振一郎的信，信中也描述了另一種同樣成功的量子電動力學方法。朝永振一郎使用的方法類似施溫格，但是他的數學似乎簡單許多。這情況叫人頗感困惑，這些解釋相對性量子電動力學的方法是如此不同，但都產出相似的答案，沒有人真的知道為什麼。

　　這項挑戰由一位名叫戴森的年輕英國物理學家接下。一九四八年九月二日，戴森搭上一班巴士，由鄰近加州舊金山的柏克萊出發，往東岸前進。「旅程的第三天，發生了不得了

的事，」他在幾個星期後給父母的信中寫道，「在搭乘巴士四十八小時後，我陷入某種半昏迷狀態，並開始努力思考物理，尤其是施溫格和費曼競爭的輻射理論。漸漸地，我的思緒愈來愈連貫，在我意識到之前，我已經解開了這些年壓在心底的謎團。我證明了施溫格和費曼的理論是等效的。」[3]

戴森得到的結果，就是完全相對性的量子電動力學，這個理論所預測的數值，不論是準確性和精確性都達到了驚人的地步。戴森的量子電動力學預測電子的 G 因數為 2.00231930476，而實際的實驗數據是 2.00231930482。*「舉個例讓你感受這些數字的準確性，」費曼後來寫道，「這種程度的準確性差不多就像是在測量洛杉磯和紐約之間的距離，誤差恰好相當於人類毛髮的粗細。」[4]

量子電動力學的成功開創了一些重要的先例，現在看來，量子場論是描述基本粒子與其交互作用的正確方法，而牽涉其中的力是由場的粒子所媒介。和馬克士威的電磁場理論一樣，量子電動力學是 U(1) 規範理論，其中電子波函數的區域 U(1) 相位對稱性與電荷守恆有關。

物理學家的注意力現在轉移到原子核內，尋求適用於質子和中子之間強核力的量子場論。但還有另一個謎團，電荷守恆與電磁理論之間的關聯（無論依古典或量子解釋）是相當直觀

＊實驗和理論數據都可以再更準確，這裡列出的數值是引用自哥治蘭和杜德合著的《粒子物理學概念：寫給科學家的介紹》第三十四頁，由劍橋大學出版社於一九九一年出版。

而明顯的，如果真有適用於強核力的量子場論，首要之務便是找出強交互作用相對應的守恆物理量，及其相關的連續性對稱變換。

華裔物理學家楊振寧相信，在牽涉強核力的核交互作用裡，其相對應的守恆的物理量是**同位旋**（isospin）。

楊振寧於一九二二年出生在中國安徽省的省會合肥。他在昆明就讀國立西南聯合大學，該大學是在一九三七年日本武力侵華後，由北京、南京和清華大學所共組的。楊振寧於一九四二年畢業，兩年後獲得碩士學位，接著在庚子賠款的獎學金*加持下，於一九四六年前住芝加哥大學就讀。

楊振寧在芝加哥大學接受泰勒的指導，學習核子物理學。因為受到美國發明家暨政治家富蘭克林的自傳啟發，他給自己取了一個英文名字叫「富蘭克林」，或暱稱「法蘭克」。他在一九四八年取得博士學位，以費米的助理身分再多進行一年研究。一九四九年，他動身到普林斯頓高等研究院。

在普林斯頓期間，他開始思考如何應用諾特定理，尋找強核力的量子場論。

同位旋的概念來自一個簡單的事實：質子和中子的質量非常接近。†當中子在一九三二年發現時，物理學家很自然地假設中子是個合成粒子，由一個質子和一個電子組成。眾所皆知，貝他放射衰變是從原子核直接放射出的一個高速電子，中子經過這個過程後轉變成為質子，這似乎暗示了在貝他放射性裡，其中一個合成的中子基於某種原因，將「卡住」的電子給放射了出來。

　　在中子發現不久後，海森堡採用「中子就是質子加電子」的概念，發展出質子和中子在原子核內進行交互作用的早期理論，這個模型有很大一部分是以化學鏈結的理論為基礎。

　　海森堡假設原子核內的質子和中子是透過交換電子而束縛在一起，過程中質子轉變成中子，而中子轉變成質子。在兩個中子之間的交互作用，則牽涉到交換兩個前進「方向」相反的電子。

　　這種交換機制就意味著，在原子核內，質子和中子傾向於失去自己的本質，不停地互相轉換。這符合海森堡的目的，他想像質子和中子只不過是同一種粒子的不同狀態，而這種粒子的不同狀態具有不同的屬性，所以能夠區分出質子和中子。當然，這種粒子在不同狀態下攜帶的電荷也不一樣，一種狀態帶正電，另一種狀態不帶電。但是海森堡的理論要能夠運作，他還需要進一步引進一種能與電子自旋類比的新屬性。

　　因此海森堡引進了同位旋的想法（可別和電子自旋搞混了），質子的同位旋方向被（任意）指定為自旋向上，中子為

＊這是美國實施的一項獎學金制度。十九世紀末，中國因為義和團起義而向列強賠款，獎學金便是由賠款支付。

† 次原子粒子的質量通常以能量來表示，這跟愛因斯坦的方程式 $m = E/c^2$ 有關。質子質量是 938.3 MeV/c^2，中子質量是 939.6 MeV/c^2。在表示質量的時候，我們常常省略 c^2（因為已經隱含了），所以上述質量可以分別簡單寫成 938.3 和 939.6 MeV。eV 代表電子伏特，是能量的單位，表示單一一個帶負電的電子經過 1 伏特電壓加速後所獲得的能量大小，MeV 則代表一百萬電子伏特。

自旋向下，這裡的上和下是在「同位旋空間」裡的方向，而同位旋空間也只有上和下兩個維度。將中子轉變成質子，就等於是在同位旋空間裡「轉動」中子的自旋方向，從向下轉成向上。

　　這一切聽來頗為神祕，但是同位旋在很多方面都跟電荷很像。我們對電的熟悉不應該使我們盲目，事實上，電荷也只是抽象的「電荷空間」裡的一種屬性「值」（如同上述「同位旋空間」裡的「方向」），亦即正和負。

　　雖然海森堡的理論只是簡單的類比，但已經將舊有理論往前延伸了一步。同樣都是透過交換電子而形成，化學鏈結的力比起將質子和中子束縛在原子核內的力要弱上許多，但是海森堡能夠使用他的理論，將非相對性的量子力學應用在原子核上。他在一九三二年發表的一連串論文裡，解釋了核子物理學領域的許多觀察，比如說同位素的相對穩定性。

　　區區幾年後，這個理論的缺陷就在實驗中暴露出來了。因為質子裡頭沒有「卡住」的電子，海森堡的電子交換模型並不允許質子之間進行任何類型的交互作用，但是相反地，實驗顯示質子之間的交互作用強度，和質子、中子之間的交互作用強度可相提並論。

　　儘管這個理論有缺點，但海森堡的電子交換模型至少存在一絲真理，電子交換的部分被捨棄了，但是同位旋的概念保留了下來。就強核力而言，質子和中子在本質上是同一種粒子的兩個狀態，就像電子有兩種自旋方向，這兩個狀態唯一的不同之處，便是同位旋的方向。

質子和中子各別的同位旋可以合在一起計算，產生整體的同位旋，這個概念最早是由物理學家維格納於一九三七年提出。核反應的相關文獻似乎支持整體同位旋守恆的想法，如同電荷在物理和化學變化裡守恆一樣。楊振寧現在確認同位旋是一種區域性的規範對稱，可以類比到量子電動力學當中電子波函數的相位對稱。他於是開始尋找一個量子場論能夠符合他對於同位旋的推論。

楊振寧很快就陷入了困境，但他還是對這個問題感到著迷。「有些時候，讓人揮之不去的難題原來是好東西。」他後來這麼說。[5]

一九五三年夏天，楊振寧向高等研究院請假，短暫造訪位於紐約長島的布魯克黑文國家實驗室。他和一位名叫米爾斯的年輕美國物理學家共用一間辦公室。

米爾斯也被楊振寧著迷的問題所吸引，於是他們一起研究強核力的量子場論。「我們的動機別無其他，」米爾斯在幾年後解釋道，「他和我只是想自問：『像這樣的事發生過一次，為什麼不能再來一次？』」[6]

在量子電動力學裡，電子波函數於時空中的相位變化會藉由電磁場的對應變化得到補償，場會「反推回去」，讓相位的對稱性被保留下來；但是強核力的新量子場論必須解釋牽涉到兩個粒子的事實，如果同位旋的對稱性是守恆的，那就意味了質子和中子之間的強核力並無差別。因此，一旦同位旋的對稱性被改變（比如說，將一個中子「旋轉」成質子），就需要一個能「反推回去」的場，這麼一來才能重置原本的對稱性。為

76

了這個目的，楊振寧和米爾斯於是引進一種全新的場，他們稱之為「B 場」。

簡單的 U(1) 對稱群不足以應付這樣的複雜度，楊振寧和米爾斯把手伸向 SU(2) 對稱群（將兩個複變數做轉換所產生的特殊么正群）。之所以需要比較大的對稱群，只是因為現在有兩種可以彼此轉換的物體。

該理論同時也需要三種新的場粒子，負責媒介原子核內質子和中子之間的強核力，角色類似量子電動力學裡的光子。三種場粒子的其中兩種負責媒介電荷，用以解釋質子－中子和中子－質子間交互作用造成的電荷改變，楊振寧和米爾斯將這兩種粒子稱作 B^+ 和 B^-；第三種粒子跟光子一樣不帶電，負責質子－質子和中子－中子這種電荷不變的交互作用，該粒子被稱作 B^0。他們發現這些場粒子不只和質子跟中子作用，彼此之間也有交互作用。

到了夏天的尾聲，他們已經研究出一套解法，但是這套解法卻帶來了一整組新問題。

舉一個例子來說，重整化方法在量子電動力學裡相當有效，但卻無法應用在楊振寧和米爾斯推導出的場論裡。更糟糕的是，微擾展開式的零階項顯示，這些場粒子應該如光子般不具質量，但是這自相矛盾，因為早在一九三五年，海森堡和日本物理學家湯川秀樹就已經提出，像強核力這種作用在短距離的力，其場粒子應該很「重」；換句話說，它們應該是又重又大的粒子才對。無論如何，強核力透過零質量粒子被媒介的想法，根本就說不通。

　　楊振寧回到普林斯頓後，在一九五四年二月二十三日舉辦了一場研討會，說明他和米爾斯的研究成果。聽眾包括了奧本海默，還有在一九四〇年轉任到普林斯頓大學的包立。

　　結果包立之前早就嘗試過類似的邏輯了，他也發現了同樣令人困惑的結論，因為無法解決場粒子的質量問題，所以他放棄了這個方法。當楊振寧在黑板上寫出他的方程式，包立便尖聲說：

　　「這個 B 場的質量多大？」他這麼問，並預期一個已知的答案。

　　　「我不知道。」楊振寧有些無力地回答。
　　　「這個 B 場的**質量**多大？」包立窮追不捨。
　　　「我們進行過研究，」楊振寧回答，「不過這問題太複雜了，我們現在還沒有答案。」
　　　「這可不是個好理由。」包立抱怨道。[7]

　　楊振寧吃了一驚，尷尬地坐下。「我想我們應該讓法蘭克說完。」奧本海默提議道。於是楊振寧繼續講解，包立沒有再問任何問題，但他很不高興。隔天他留了一張紙條給楊振寧，上面寫著：「我很遺憾，你讓我在研討會後幾乎不可能和你說上話。」[8]

　　這個問題不會輕易煙消雲散。沒有了質量，楊－米爾斯場論的場粒子就不符合物理預期。如果它們如同理論所預測，不

具質量，那麼應該會和光子一樣普遍才是，但是目前為止並沒有觀察到像這樣的粒子，而且已被普遍接受的重整化方法也派不上用場。

話雖如此，這仍然是個**好**理論。

「這想法這麼**美**，應該公諸於世，」楊振寧寫道，「但是規範粒子的質量為何？我們缺乏確實的結論，而叫人沮喪的實驗又顯示，現在的情況比電磁場還要更複雜難解。在物理的領域裡，我們傾向相信帶電的規範粒子不能沒有質量。」[9]

一九五四年十月，楊振寧和米爾斯發表論文敘述他們的研究結果。在論文裡，他們寫道：「接下來，我們就面臨了 B 量子的質量問題；然而對此問題，我們並沒有令人滿意的答案。」[10]

他們沒有任何進展，注意力也就轉移到別的地方去了。

第三章

無法理解這理論的價值所在

蓋爾曼發現奇異性和「八重道」；格拉肖將楊－
米爾斯場論應用在弱核力上，但是大家都無法理
解這理論的價值所在。

　　楊振寧和米爾斯已經嘗試過將量子場論應用到強交互作
用，希望能複製量子電動力學的成功經驗，但是他們發現理論
不能進行重整化，還會產生零質量的粒子，但這些粒子卻應該
要很重才對。顯然他們的理論無法解決強核力的問題。

　　那麼弱核力呢？

　　弱核力是一種謎般的作用力。在三〇年代早期，義大利物
理學家費米為了完成貝他放射性的詳細理論，不得不引進一種
新的核作用力。費米在一九三三年的聖誕節，義大利阿爾卑斯
山的一次團體滑雪假期裡，向同事敘述了他的理論。他的同事
塞格雷後來描述了這段經歷：「……我們全都坐在旅館房間的
一張床上，但我坐立難安，因為我在結冰的雪地上跌倒了好幾
次，全身上下都是瘀青。費米完全明白自己的成就有多麼重
要，他還說，他認為他會因為這篇論文而留名，這是他目前為
止的顛峰之作。」[1]

費米將弱核力和電磁學畫上等號，透過這個類似於電磁學的理論，他能夠推導出放射的貝他電子的能量範圍（因此也能得到速度）。美籍華裔物理學家吳健雄於一九四九年在哥倫比亞大學進行實驗，結果顯示費米的預測是正確的。費米的理論在經過一些小修正之後，至今仍然有效。

費米推導出，牽涉到貝他放射性的粒子間的電磁交互作用力，比起普通的帶電粒子要弱上幾百億倍。「弱」核力的確很弱，但卻能產生深遠的影響。因為弱核力的緣故，中子本質上並不穩定，在自由空間移動的中子平均只有十八分鐘的壽命。對於像中子這種在自然界中很根本的粒子而言，這樣的行為模式很不尋常。*

當然，引入一種新的自然力只為了解釋單單一種交互作用，似乎有點太小題大作了。但是，高能碰撞下的殘骸洩露了許多新粒子的存在證據，當實驗物理學家開始過濾這座由新粒子組成的「動物園」，證據便開始浮現，看來還有其他種類的粒子，也同樣易於受弱核力影響。

在三〇年代，如果你想要研究高能粒子碰撞，那你得爬到山上去才行。宇宙射線（來自外太空的高能粒子束）不停沖刷著高層大氣，組成這些射線的各種粒子裡面，有些具有相當高的能量，能夠穿透到較底層的大氣，抵達山頂的高度，所以物理學家可以在山頂研究這些高能粒子的碰撞現象。像這種研究得靠機運才能探測到粒子，而且由於機運難以捉摸，任兩次事件發生的情況都不會是完全相同的。

美國物理學家卡爾・安德森於一九三二年發現了狄拉克預測的正子，四年後，他和他的夥伴美國人內德梅耶將粒子探測裝置堆到平板卡車上，把卡車開上洛磯山脈的派克峰峰頂，那裡大約位於科羅拉多泉以西十六公里。[†]在穿透而過的宇宙射線留下的蹤跡裡，這兩位物理學家辨識出了另一種新粒子，行為和電子非常相似，但是受磁場作用而偏向的角度要小得多。

這種粒子受磁場影響而轉向的速度比電子來得慢，但又比相同速度的質子（在反方向上）轉得更猛。結論只有一個：這是一種新的「重」電子，質量大約是普通電子的兩百倍；它不可能是質子，因為質子的質量大約是電子的兩千倍。[‡]

這個新粒子被稱作介子（meson），是個不受歡迎的發現。重量級的電子？這不符合任何對於自然界基礎組成的理論或預測。

加里西亞出生的美國物理學家拉比很不高興，他質問

---

[*] 如果你想知道弱核力到底能產生什麼「深遠的影響」，那你只需要看看標準太陽模型，也就是描述太陽運作方式的當代理論。在太陽的核心，質子（氫的原子核）融合成氦原子核，過程牽涉到兩個質子透過弱核力轉變成兩個中子，同時發射出兩個正子和兩個微中子。

[†] 其實他們的卡車沒能夠一路開到收費口，所以剩下的路程他們得把東西拖上去。這兩位科學家的實驗預算相當有限，但他們很幸運地遇到通用汽車的副總裁，他正在山上測試一款新型雪佛蘭卡車。他很好心地替兩位科學家的卡車安排拖吊，還出錢幫他們換了新引擎。

[‡] 事實上，質子和電子的靜止質量（粒子速度為零時的質量）之比值為 1836:1。

道：「誰要來負責解釋這個發現呢？」[2] 一九五五年，蘭姆在他的諾貝爾得獎演說裡呼應了這種挫敗感，他說：「……在過去，發現新基本粒子的人會受到諾貝爾獎的表彰，但是現在，像這樣的發現應該要罰款一萬美元。」[3]

一九四七年，在法國庇里牛斯山的南日峰頂，布里斯托大學的物理學家鮑威爾和他的團隊在宇宙射線裡發現了另一種新粒子。這種新粒子的質量比介子稍微大一些，是電子質量的兩百七十三倍，有的帶正電，有的帶負電，後來還發現了不帶電的種類。

這下物理學家為了取名字一個頭兩個大，介子被重新命名為緲介子，後來簡稱為緲子（muon），* 新的粒子則被稱作 π 介子。隨著宇宙射線產出粒子的探測技術愈來愈進步，事情一發不可收拾，在 π 介子之後，很快又發現了帶正電和帶負電的 K 介子，還有電中性的 Λ 粒子，新名字激增。費米有次在回應一名年輕物理學家的問題時說道：「年輕人，如果我有辦法記住這些粒子的名字，那我應該去當植物學家。」[4]

K 介子和 Λ 粒子的行為相當奇特。這些粒子大量生成，這是強交互作用的明確特徵，它們通常成對出現，形成獨特的「V」字形軌跡，然後繼續前進，可能會在衰變前通過探測器。這些粒子衰變所需的時間比生成所需的時間要長得多，暗示它們雖然透過強核力而生成，但它們的衰變模式是由另一種微弱的力所主宰的。事實上，這種力與主宰貝他放射性衰變的力是同一種。

同位旋對解釋 K 介子和 Λ 粒子的奇異行為幫不上忙，這

些新粒子似乎具有某種迄今未知的額外特性。

　　美國物理學家蓋爾曼大惑不解，他發現了以同位旋來解釋這些新粒子的方法，不過必須要建立在同位旋出於某種未知理由被「平移」了一個單位的假設上。這一點在物理上毫無道理可言，所以他提出一種新的特性，後來他稱之為**奇異性**（strangeness），用來說明這個平移量。[†] 他之後引用英國畫家培根的名言：「凡絕美之物，必定帶著幾許奇異。」[5]

　　蓋爾曼主張，姑且不論奇異性到底是什麼東西，它就跟同位旋一樣，在強交互作用過程中會保持恆定。在牽涉到「正常」（亦即不具奇異性）粒子的強交互作用裡，每產生一個奇異性為 +1 的奇異粒子，都會同時伴隨另一個奇異性為 –1 的奇異粒子，所以整體的奇異性守恆，這就是這些粒子傾向於成對出現的原因。

　　奇異性守恆也解釋了為什麼奇異粒子要花這麼長的時間衰變。奇異粒子一旦形成，就不可能透過強交互作用再轉變回普通粒子了，因為這個過程需要改變奇異性（從 +1 或 –1 變成零），而強交互作用在預期中是很快就會發生的事。所以奇異粒子可以撐很久，直到屈服於弱核力之下，而弱核力才不在乎奇異性是否守恆。

　　沒有人知道為什麼。

＊這個名字會讓人混淆，因為物理學家很快就發現到，緲介子事實上並不屬於我們現在歸類為「介子」的粒子種類。

† 差不多在同一時間，日本物理學家西島和彥與中野董夫也提出了幾乎一樣的想法，他們將奇異性稱之為「η 電荷」。

在談論貝他放射性的那篇跨時代論文裡，費米將弱核力類比成電磁學，他以電子質量為標尺，用以估算這些交互作用的相對強度。一九四一年，施溫格很想知道，若假設弱核力是透過一種非常非常大的粒子媒介，那會產生怎樣的結果呢？他做了一番估算，如果這個場粒子的質量實際上是質子的好幾百倍，弱交互作用和電磁交互作用的強度或許就會完全一致。這是弱核力和電磁力有可能**統一**成單一「電弱力」的首次暗示。

楊振寧和米爾斯之前已經發現，若想解釋原子核裡中子和質子之間所有可能的互動方式，會需要三種不同種類的力粒子；一九五七年，施溫格也對弱交互作用得到幾乎相同的結論，他發表了一篇論文，推測弱核力是由三種場粒子所媒介的。其中兩種（依現代的說法，稱之為 W^+ 和 W^- 粒子）用來解釋弱交互作用中的電荷傳輸；第三種粒子是電中性粒子，用來解釋沒有發生電荷轉移的情況。施溫格當時相信第三種粒子是光子。

根據施溫格的構想，貝他放射性應該是這樣運作的：中子有可能發生衰變，放射出一個大質量的 W^- 粒子，然後轉變成質子；接下來輪到短命的 W^- 粒子衰變成一個高速電子（即貝他粒子）和一個反微中子（參見圖 8）。

施溫格要求他在哈佛的一位研究生繼續研究這個問題。

格拉肖是在美國出生的俄羅斯猶太人移民後裔，他於一九五〇年和他的同學溫伯格一起畢業於布朗克斯科學高中。他跟著溫伯格前往康乃爾大學就讀，於一九五四年取得學士學位之後，成為施溫格在哈佛大學的其中一名研究生。

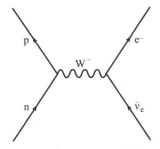

圖 8　核子貝他衰變機制現在可以解釋為中子（n）衰變成質子（p）的過程，一個 W⁻ 粒子會先被放射出來。這個 W⁻ 是虛粒子，並繼續衰變成一個電子（e⁻）和一個反微中子（v_e）。

　　在施溫格的假設裡，這些很重的 W 粒子必須要帶電，格拉肖很快意識到，這個簡單的事實意味著，事實上弱核力理論不可能與電磁學脫離關係。「我們應當提議，」他在博士論文的附錄寫道，「只有將弱核力和電磁學一併處理，才能有一個完全被接受的理論來解釋這些交互作用……」[6]

　　格拉肖現在也觸及了楊振寧和米爾斯發展過的同一套 SU(2) 量子場論，他相信施溫格的斷言：弱核力的三種場粒子是兩種大質量 W 粒子和光子。格拉肖一度認為自己已經發展出弱核力和電磁力的統一理論了，而且不只如此，他相信他的理論可以重整化。

　　但是事實上他犯了一連串錯誤。當其他人揭露了他的錯誤，他才明白他的理論對光子的要求太多了。他的解決方法是結合楊－米爾斯 SU(2) 規範場和電磁學的 U(1) 規範場，將對稱性擴大，結合後的產物寫作 SU(2)×U(1)。與其說這個表示式代表了完全統一的電弱力，不如說它代表的是弱核力和電磁

力的「混合體」。但是這個方法有個優點，它使得光子重獲自由，從負責弱交互作用的重擔底下解脫。

該理論仍然需要一個媒介弱核力的電中性粒子，所以格拉肖現在有了三種大質量的弱核力粒子，等同於楊振寧和米爾斯首先介紹的三種 B 粒子。它們分別是 W^+、W^- 和 Z^0 粒子。*

一九六〇年三月，格拉肖到巴黎講課，他在那裡遇見了蓋爾曼。當時蓋爾曼向加州理工學院請了公假，到法國的法蘭西公學院擔任客座教授。格拉肖在午餐時向蓋爾曼描述了他的 $SU(2) \times U(1)$ 理論，蓋爾曼給了他鼓勵。「你做得很好，」蓋爾曼告訴他，「但是人們還無法理解這理論的價值所在。」[7]

或許真是如此，物理學界對格拉肖的理論相當無動於衷。正如同楊振寧和米爾斯所發現的，$SU(2) \times U(1)$ 理論預測媒介弱核力的粒子應該像光子那樣不具質量；如果「手動」把質量加進方程式裡，就絕對會使得理論無法進行重整化。格拉肖和楊振寧與米爾斯兩位前輩一樣，也想不透該如何讓這個場粒子得到質量。

麻煩不只如此。在基本粒子的交互作用之中，若有一個以上的粒子發生衰變或互相產生反應，便會誕生新的粒子，而當交互作用牽涉到帶電的媒介粒子，就會出現所謂帶電「流」的反應，這是因為電荷會從起始粒子「流」到終點粒子去。一般預期，媒介弱核力的電中性粒子（Z^0）在實驗中，會透過與電

＊格拉肖本來仿做楊振寧和米爾斯，將這個電中性粒子命名為 B 粒子，但是現在它普遍被稱作 Z^0 粒子。

荷變化無關的交互作用形式（稱之為「中性流」）暴露自己的行蹤；但是儘管奇異粒子的衰變過程早就成為粒子物理學家尋找弱交互作用資料的主要「獵場」，卻從來沒有人發現任何中性流存在的證據。

格拉肖振臂疾呼，他爭辯道，這只不過是因為 Z^0 粒子比帶電的 W 粒子要重上太多太多了，所以牽涉到 Z^0 粒子的交互作用超出當代實驗的能力所及。但是實驗物理學家對這番話仍然不以為然。

蓋爾曼於一九二九年在紐約出生，他是個天才兒童，十五歲就進入耶魯大學就讀學士班。一九五一年，他在麻省理工取得博士學位，年僅二十一歲。他先是在普林斯頓高等研究院短暫任職，接下來前往伊利諾大學的厄巴納－香檳分校，然後是紐約的哥倫比亞大學，最後來到芝加哥大學。他在芝加哥大學和費米一起工作，對奇異粒子的特性百思不得其解。

一九五五年，他在加州理工學院取得教授職位，和費曼合力研究弱核力理論，同時也開始將注意力轉向基本粒子這個「動物園」的分類問題，他想替已經發現的粒子分門別類。在這座動物園裡，有可能看出一些不顯眼的細微模式（比如說，有些粒子顯然屬於同一種類），但是從個別的模式，並無法拼湊出完整的全貌。

粒子物理學家在此時已經引進了一套分類法，至少可以約略維持動物園裡的秩序。共有兩個主要類別，分別是**強子**（hadron，源自希臘文 *hadros*，意思是「厚、重」）和**輕子**

（lepton，源自希臘文 *leptos*，意思是「小」）。

強子類別包含一個稱為**重子**（baryon，源自希臘文 *barys*，也是「重」的意思）的子類別，裡頭是能感受到強核力的較重粒子，包括質子（p）、中子（n）、Λ 粒子（Λ^0），還有五〇年代發現的兩系列粒子，分別命名為 Σ 粒子（Σ^+、Σ^0 和 Σ^-）及 Ξ 粒子（Ξ^0 和 Ξ^-）。強子類別還包含了**介子**（meson，源自希臘文 *mésos*，意思是「中間的」）子類別，這些粒子也能感受到強核力，但只具有中等質量，像是 π 介子（π^+、π^0 和 π^-）以及 K 介子（K^+、K^0 和 K^-）。

輕子類別包含電子（e^-）、緲子（μ^-）和微中子（v），這些是不會感受到強核力的輕粒子。重子和輕子都是**費米子**（fermion，以義大利物理學家費米為名），特徵是自旋數為 $\frac{1}{2}$。上面列出的所有重子和輕子都具有 $\frac{1}{2}$ 自旋，所以可以占據兩個自旋方向，標示為 $+\frac{1}{2}$（自旋向上）和 $-\frac{1}{2}$（自旋向下）。費米子遵從包立不相容原理。

獨立於強子和輕子兩大分類之外的是光子，也就是媒介電磁力的粒子。光子是一種**玻色子**（boson，以印度物理學家玻色為名），特徵是自旋量子數為整數，且不遵從包立不相容原理；其他媒介力的粒子（像是假設中的 W^+、W^- 和 Z^0 粒子）預期也是具有整數自旋的玻色子。玻色子也有可能自旋為 0，但這種玻色子就不是媒介力的粒子了，像介子就是自旋為 0 的玻色子。圖 9 是一九六〇年前後所知的粒子分類總結。

這一團混亂之中顯然必定有一個模式，就像是門得列夫元素周期表的粒子物理版本。我們要問：這模式是什麼？模式背

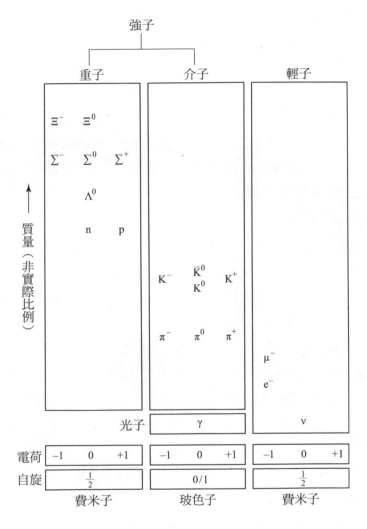

圖9　粒子物理學家於一九六〇年前後採用的分類法，有助於
將已知粒子整理成不同的類別。這些是強子（重子和介子）以
及輕子，還有獨立於這些類別之外的光子，亦即媒介電磁力的
粒子。

後是否有基本的解釋？

　　蓋爾曼最初嘗試用質子、中子和 Λ 粒子這三種基本粒子當成基礎材料，用來建構所有其他的強子，但結果真是亂七八糟。從來就沒有一個合理的解釋能說明，為什麼這三種粒子應該視為比其他粒子更「基本」。他意識到他這麼做，是在還沒找到正確的模式之前，就先伸手觸碰背後的基本解釋。這感覺有點像是還沒把周期表內的元素位置確定下來，就急著想弄懂化學元素的基礎材料一樣。

　　蓋爾曼相信，像這樣的模式，其架構可能可以由具有全域對稱性的群所提供；而這種組織粒子的方法，將能夠揭露粒子間的相互關係。在這個階段，他只想尋找重新分類粒子的辦法，不打算發展楊－米爾斯場論，因為楊－米爾斯場論要求的是區域對稱性。

　　他知道他需要比 U(1) 或 SU(2) 更大的連續對稱群，以容納已知粒子的範圍和種類，但他不太確定該怎麼做。這時他正在巴黎的法蘭西公學院擔任客座教授，他在與法國同事共進午餐時享用了足量的法國美酒，但這些酒沒能立刻助他一臂之力，這或許並不太令人驚訝。

　　當格拉肖在一九六○年三月造訪巴黎，他並不只激起了幾聲鼓勵。蓋爾曼對格拉肖的 SU(2)×U(1) 理論相當好奇，他漸漸明白，或許有可能將對稱群擴展到更高的維度。於是在受到格拉肖的啟發後，他開始嘗試愈來愈多維度的理論。他試了三維、四維、五維、六維和七維，想找出一個與 SU(2)×U(1) 不對應的結構。「到了這個地步，我跟自己說『夠了！』。在喝

了那麼多美酒以後，我實在沒有力氣嘗試八維了。」[8]

美酒似乎也無助於交談。和蓋爾曼共進午餐、共飲美酒的那些同事都是數學家，他們幾乎可以馬上解決他的問題，但蓋爾曼從來沒和他們討論過。

格拉肖決定接受蓋爾曼的提議，加入他在加州理工學院的行列，於是在蓋爾曼從巴黎回來後不久，這兩位物理學家便共同尋找解答；但是要一直等到蓋爾曼和加州理工學院的數學家布洛克一次偶然的討論過後，他才發現李氏群 SU(3) 就是他一直在尋找的結構。在巴黎時，他幾乎就要自己發現這個事實了，但他沒有堅持下去。

SU(3) 最簡單的表示是三個基本元素，這也稱之為「不可約」（irreducible）的表示，其他理論學家實際上嘗試過以 SU(3) 對稱群為基礎，進一步建構模型，他們將質子、中子或 Λ 粒子當成不可約表示的三個基本元素。蓋爾曼已經走過這條路了，他不希望重蹈覆轍，所以他直接跳過基本表示，將注意力轉移到下一步。

SU(3) 的其中一種表示包含了八個維度，在一個維度裡「轉動」粒子，可以把這個粒子轉變成另一個維度的另一種粒子，就像在 SU(2) 對稱群裡「轉動」中子的同位旋，就可以把中子變成質子。如果蓋爾曼有辦法在每個維度都擺上一個粒子，那麼或許他就能夠開始理解這些粒子背後關係的本質。重子正好有八種（質子、中子、Λ 粒子、三種 Σ 粒子和兩種 Ξ 粒子），這當然不會是巧合吧？

這些粒子可以藉由電荷、同位旋和奇異性的值來區分。在

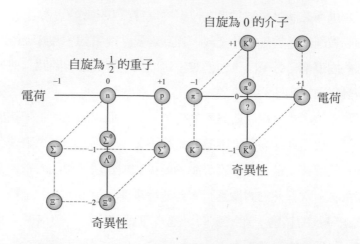

圖 10　八重道（The Eightfold Way）。蓋爾曼發現他可以將重子（包括中子 n 及質子 p）和介子放進 SU(3) 全域性對稱群的兩組八位元表示裡，但是介子的表示裡只有七種粒子，對應 Λ^0 粒子位置的介子不見了。幾個月後，阿爾瓦雷茨所率領的研究團隊在柏克萊發現了這個粒子，他們稱之為 η 粒子。

圖上將奇異性相對於電荷或同位旋標示出來，就出現了一個六角形的模式，其中每個頂點上各有一個粒子，中心則有兩個粒子（見圖 10）。這個模式要求結構中必須包含質子、中子和 Λ 粒子，蓋爾曼之前拒絕鑽研基本表示，他現在一定覺得這個決定是做對了。

　　當蓋爾曼以類似的方式分析介子，他發現需要將反 K^0 粒子給包括進來，但仍然缺少一個粒子。在介子版本的六角形模式圖上，對應 Λ 粒子位置的粒子「不見」了。他大膽推測，絕對存在電荷和奇異性皆為零的第八種介子。

　　以 SU(3) 對稱群的八維表示為基礎，蓋爾曼已經發現了兩組粒子的「八位元」模式，他半開玩笑地將這個方法稱為「八重道」（The Eightfold Way），取自佛陀開示通往涅槃的八個步驟（佛家用語為「八正道」）。＊他在一九六〇年的聖誕節完成了八重道的研究工作，於一九六一年年初透過加州理工學院的預印本發表。幾個月後，美國物理學家阿爾瓦雷茨所率領的研究團隊於加州柏克萊發現了他預測的粒子，介子的八位元表示就此完整。他們將這個新粒子稱作 η 粒子。

　　蓋爾曼的研究工作由他獨力進行，但他並不是尋找粒子分類模式的唯一一位理論學家。內埃曼較晚進入理論物理學的天地，他是土生土長的特拉維夫人，當蓋爾曼以「稚齡」十五歲進入耶魯大學就讀之時，他在後來的英屬巴勒斯坦託管地加入了猶太地下組織「哈迦納」。於一九四八年第一次中東戰爭期間，他負責指揮以色列的步兵營，並任職以色列特勤局的代理局長。

　　在以色列國防軍中升到陸軍上校後，內埃曼決定尋求攻讀物理博士的機會。國防部參謀長達揚同意他就任倫敦的以色列大使館武官，達揚認為內埃曼可以在閒暇時間攻讀博士學位。

　　內埃曼一開始打算在倫敦的國王學院研究相對論，但是他很快就發現，以倫敦市的交通狀況，他從肯辛頓的大使館出

＊ 佛陀的八正道為正見、正思惟、正語、正業、正命、正精進、正念與正定。

發，不可能趕得上國王學院的講座和研討會。他改到帝國大學學習粒子物理學，被分配到巴基斯坦出生的理論學家薩拉姆門下。

內埃曼利用晚上和周末的時間進行研究，他開始尋找可以容納所有已知粒子的對稱群，最後出現了五個候選群，包括 SU(3) 在內。他本來對其中一種讓他深感共鳴的對稱群感到很興奮，因為這種對稱群產生的模式是六芒星形，而六芒星正是以色列的象徵，不過他還是漸漸鎖定了 SU(3)。一九六一年七月，他發表了自己版本的八重道。

薩拉姆原先對內埃曼的理論存疑，但是當蓋爾曼的論文草稿被放到他的書桌上，他很快就拋開了疑慮。儘管內埃曼的進度稍微領先，蓋爾曼的研究成果還是比他早一步付印問世（雖然真正最早於物理期刊發表的是內埃曼的論文）。但是內埃曼並不失望，他反而因為發現自己有這麼好的研究同好而感到激動。

一九六二年六月，內埃曼和蓋爾曼都出席了一場粒子物理學會議，這場會議由日內瓦的 CERN 所舉辦。他們兩人都相當專注地聆聽了新粒子發現的報告，新發現的粒子包括了後來被稱作 Σ 粒子的三個粒子（Σ^+、Σ^0 和 Σ^-，奇異性為 -1），還有兩個 Ξ 粒子（Ξ^0 和 Ξ^-，奇異性為 -2）。

內埃曼馬上看出這些粒子屬於另一種十維 SU(3) 的表示，他只花了一點時間就意識到，在這個表示裡暗示的十個粒子之中，有九個已經被發現了，至於完整的十維表示裡缺漏的那一個粒子應該帶負電，奇異性為 -3。

　　他舉起手想發言，但是蓋爾曼也做出了完全一致的連結。因為蓋爾曼坐在比較靠近觀眾席前排的位置，所以最後是他站起來預測還有一個粒子存在，他稱之為 Ω 粒子。Ω 粒子於一九六四年一月發現。

　　粒子分類的模式現在找到了，但是背後的基本解釋又是什麼呢？

第四章
對的想法，卻應用錯了問題

蓋爾曼和茨威格發明夸克；溫伯格和薩拉姆利用
希格斯模型，賦予質量給 W 粒子和 Z 粒子（終
於！）。

美籍日裔物理學家南部陽一郎正深感憂慮。

南部陽一郎曾在東京帝國大學主修物理，於一九四二年畢
業。他因為崇拜日本粒子物理學的奠基者仁科芳雄、朝永振一
郎和湯川秀樹，所以對粒子物理學很有興趣，但是當時在東京
並沒有好的粒子物理學家，於是他轉而主修固態物理學。

一九四九年，南部陽一郎離開了東京，到大阪市立大學擔
任教授職位。三年後，他受邀前往普林斯頓高等研究院。他於
一九五四年搬到芝加哥大學，再過了四年，他被任命為芝加哥
大學的教授。

一九五六年，他參加了施里弗所舉辦的一場研討會，研討
會的主題是施里弗、巴丁和古柏三位物理學家所發展出的超導
性新理論。這個優雅的量子理論解釋了為何某些結晶材料在降
到臨界溫度後，就會失去全部的電阻，轉變成超導體。

同性電荷會互斥，但是超導體裡的電子卻會感受到微弱的

相互**吸引力**。這是因為當自由電子靠近晶格裡的正離子時，電子會對其施加拉力，使得離子略微離開原來的位置，扭曲了晶格；電子繼續前進，但是受到扭曲的晶格會持續前後振動，因而產生額外的微小正電荷，吸引第二個電子往前。

這種交互作用會產生一對自旋和動量都相反的電子，稱之為「古柏對」（Cooper Pair），兩個電子彼此合作穿過晶格，他們的運動受到晶格振動的媒介或誘發。還記得電子是費米子嗎？根據包立不相容原理，費米子不被允許占據相同的量子態，但是古柏對的行為模式和玻色子相似，不受此原則的約束。占據同樣量子態的電子對數量並不受限，而且在低溫環境下，電子對會「凝聚」在單一量子態，聚集成很大尺度的維度。*這種狀態下的古柏對在穿過晶格時不會感受到阻抗，這就是所謂的超導性。

南部陽一郎之所以感到憂慮，是因為這個理論似乎不遵守電磁場的規範不變性；換句話說，它似乎不遵守電荷的守恆性。

南部陽一郎一直想著這個問題，他的固態物理學背景於是派上了用場。他意識到，這個巴丁－古柏－施里弗超導性理論（取三人名字首字母，簡稱為 BCS 理論），就是一個作用在電磁力規範場的**自發性對稱破裂**（spontaneous symmetry-breaking）的例子。

對稱破裂的例子很常見，一枝以尖端站立的鉛筆完美地對

＊光子也會發生這種凝聚作用，雷射就是一例。

稱，但相當不穩定；當這枝鉛筆倒下，它會倒向某個特定的方向（顯然是隨機的方向），我們就說鉛筆的對稱性自發性地破裂了。同理，一顆在墨西哥帽頂部保持平衡的彈珠也具有完美對稱性，但不穩定，彈珠會滾下某個特定的方向（顯然也是隨機的），並且在淺淺的帽緣停住。事實上，背景環境的微小變動是造成鉛筆倒下或彈珠滾落的原因，這些微小的變動組成一部分的背景「噪音」。

自發性對稱破裂會影響系統的最低能量態（即所謂的「真空」態）。我們可能會預期超導體和任何材質一樣，在真空態時，所有粒子都停留在晶格裡的固定位置，電子也保持不動。但事實上是，古柏對在晶格振動的媒介下，所可能產生的合作運動會導致能量**更低**的真空態。在這種情況下，電磁場的 U(1) 規範對稱因為另一種量子場的出現而遭到破壞，而這個場所對應的「量子」便是古柏對。在區域性的 U(1) 規範對稱下，應用在超導材質裡的電子動力學定律維持不變，但是在真空態底下，定律就不一樣了。

南部陽一郎意識到，因為古柏對會在較低的能量態出現，所以如果要把電子對拆散，就必須注入能量。依這個方法產生的自由電子會持有額外的能量，相當於拆散電子對所需要注入的能量之半，而這個額外能量能夠以質量的形式出現。他對這樣的可能性感到驚訝，幾年後做出如下的結論：[1]

　　若整個宇宙充斥著某種超導物質，而我們生活其中，
　　那會怎麼樣呢？既然我們無法觀察到真正的真空，

這種介質的（最低能量）基態就成為實質上所謂的真空。這麼一來，就連不具質量的粒子……在真實世界的真正真空裡，都會獲得質量。

南部陽一郎想通了，只要破壞了對稱性，就可以得到有質量的粒子。

一九六一年，南部陽一郎和義大利物理學家喬納拉希尼歐發表論文，概略說明這樣的機制；而要讓這個機制有效，他們必須求助能產生「假」真空的背景量子場。在上面的例子裡，鉛筆因為和背景「噪音」互動而倒下，藉此破壞了對稱性；同理，要打破量子場論的對稱性，就需要一個能與之互動的「背景」。這就暗示了，空洞空間其實並非空無一物，裡頭包含了能夠以量子場形式所存在的能量，這些量子場是無所不在的。

在南部陽一郎和喬納拉希尼歐的模型裡，假真空提供了一個「背景」，可以破壞強核力理論的對稱性，這個被破壞的對稱性牽涉到理論所假設的零質量質子和中子，接著具有質量的質子和中子就能在對稱破壞後產生。

但是這一切並非一帆風順。英國出生的物理學家戈德斯通也在研究對稱破裂，他得到的結論是，對稱破裂必然會產生另一種零質量的粒子。

事實上，南部陽一郎和喬納拉希尼歐在他們的模型裡也對這個問題苦苦掙扎。除了賦予質量給質子和中子，他們的模型同樣預測了由核子和反核子所組成的零質量粒子。他們在論文

裡爭論道，這種粒子可能其實會獲得很小的質量，所以可以被認為是 π 介子。

這種零質量的新粒子後來被稱作**南部－戈德斯通玻色子**（Nambu-Goldstone bosons）。直覺告訴戈德斯通，這些粒子的生成現象可以延伸成普遍的結果，適用於所有對稱性。這個直覺在一九六一年成真，讓他的理論被提升到原理的地位，以**戈德斯通定理**之名而為人所知。

不必說也知道，南部－戈德斯通玻色子和量子場論的零質量粒子一樣，引來了不少反對聲浪，因為不管什麼理論所預測出的零質量新粒子，都應該跟光子一樣到處可見，但卻從來沒有人觀察到這些多出來的粒子。

自發性對稱破裂提供了一個解答，有希望能解決楊－米爾斯場論裡的零質量粒子的問題，但是對稱破裂卻必然伴隨著更多從未見過的零質量粒子。解決了一個問題，另一個問題就又冒出來了。如果物理學家還想在這方面得到任何進展，一定得找辦法避開或推翻戈德斯通定理。

蓋爾曼和內埃曼都跳過了 SU(3) 全域對稱群的基本表示，他們已經發現，質子和中子可以被容納到適用全部重子的八維表示裡。這個發現的弦外之音不言可喻，重子八位元表示裡的八個成員，包括質子和中子在內，一定都是由三種尚無人知的更基本粒子所組成的。這或許是個相當顯而易見的推論，但是這個推測卻會導致令人難以接受的結果。

一九六三年，哥倫比亞大學的塞伯開始把玩三種（不特定

的）基本粒子的排列組合，希望創造出八重道裡的兩組八位元表示。在他的模型裡，這三種新粒子可以構成重子八位元表示裡的所有成員；至於介子八位元表示裡的成員，則可以透過這些基本粒子和其反粒子組成。同年三月，蓋爾曼抵達哥倫比亞大學發表一系列講說，塞伯趁此機會，請教蓋爾曼對這個概念的看法。

他們的對話發生在哥大教職員活動中心，當時是午餐時間。

「我發現可以拿三個零件拼湊出質子和中子，」塞伯解釋道，「這些零件和他們的反物質則可以做出介子。於是我心想：『為什麼你不考慮這個想法呢？』」[2]

蓋爾曼對此嗤之以鼻，他問塞伯，這三個新基本粒子的電荷應該為何？塞伯沒考慮過這一點。

「這是個瘋狂的點子，」蓋爾曼說，「我抓起一張餐巾紙，在紙背做了些必要的計算，結果顯示如果他的想法是對的，那麼這些粒子將具有分數電荷值，像是 $-\frac{1}{3}$、$+\frac{2}{3}$ 之類的，這樣它們加起來之後，才能使得質子和中子的電荷為 +1 或零。」[3]

塞伯同意分數電荷值是相當蹩腳的結果。在電子發現的區區十二年後，美國物理學家密立根和弗萊柴爾便進行了著名的「油滴」實驗，測量單一電子所攜帶的電荷基本單位。好不容易標準單位的成果出爐了，電子的電荷值是個小數位數一大堆的複雜數字，＊但是物理學家很快就確認了，所有帶電粒子的電荷值都是這個基本單位的整數倍。自從電荷的基本單位建立

以來，時間一眨眼就過了五十四年，從來就沒有絲毫線索，暗示世上存在有電荷值小於基本單位的粒子。

　　蓋爾曼在接下來的討論裡，將塞伯的新粒子稱作「誇客」（quork），這是一個沒意義的字，蓋爾曼故意用來強調塞伯的提議之荒謬。塞伯認為這個字衍生自「怪癖」（quirk），因為蓋爾曼說，像這樣的粒子還真是自然界的怪癖。

　　儘管塞伯的想法會產生分數電荷值這樣的彆腳結果，但他的邏輯其實是無可避免的。關於 SU(3) 對稱群需要一個基本表示，而已知粒子可以被放進兩組八位元模式裡的這個事實，我們得到了強烈的暗示，有三個基本粒子的存在。分數電荷值的確是個問題，但是蓋爾曼現在想通了，或許「誇客」永遠都被綁在一起，或是**禁閉**在較大的強子裡，而這就解釋了為什麼在實驗裡，從來沒有見過帶分數電荷值的粒子。

　　正當蓋爾曼的想法逐漸成型之時，他恰好看見了愛爾蘭作家喬伊斯的作品《芬尼根守靈夜》其中一段：

　　向麥克老大三呼夸克（quark）！
　　一聲吼叫當然不能給他帶來什麼，
　　他擁有的一切，肯定都在這個痕跡之外。

　　這給了他替這些荒謬新粒子命名的靈感。「就是這個！」他說，「三個夸克組成中子和質子！」這個名字和他本來用的

＊ 目前公認的電子電荷值為 $1.602176487(40) \times 10^{-19}$ 庫侖，括號代表最後兩位數的不確定性。

「誇客」雖然在英文裡沒有押韻，但念起來已經很接近了。「所以這就是我選擇的名字。這整件事只是個玩笑，是我對矯揉造作的科學語言的回應。」[4]

　　一九六四年，蓋爾曼發表了一篇只有兩頁的文章，對這個概念加以解釋。他將三個夸克稱作 u、d 和 s，雖然他沒有在文中明說，但這些代號分別代表了「上」（up，電荷值為 $+\frac{2}{3}$）、「下」（down，電荷值為 $-\frac{1}{3}$）和「奇」（strange，電荷值亦為 $-\frac{1}{3}$）。重子是透過這三種夸克的眾多排列組合而形成，介子則是由夸克和反夸克組成。

　　依照這樣的邏輯，質子會由兩個上夸克和一個下夸克（uud）組成，整體電荷值為 +1；中子由一個上夸克和兩個下夸克（udd）組成，整體電荷值為零。這個模型的闡述方式同時也透露了，同位旋與上、下夸克如何組成粒子有關。中子和質子的同位旋可以用「上夸克數量減下夸克數量再除以二」的算式求得。[*] 以中子為例，其同位旋為 $\frac{1}{2} \times (1 - 2)$，亦即 $-\frac{1}{2}$；「旋轉」中子的同位旋等於是將一個下夸克替換成上夸克，所以質子的同位旋為 $\frac{1}{2} \times (2 - 1)$，也就是 $+\frac{1}{2}$。原本同位旋的守恆性，現在變成夸克數量的守恆了。這麼一來，貝他放射性便牽涉到一個下夸克轉變成上夸克，使中子轉變成質子，同時放射出一個 W⁻ 粒子，如圖 11 所示。

　　至於「奇異」粒子的奇異性，則可以透過簡單計算奇夸克數量之負值而得。[†] 如果將電荷或同位旋相對於奇異性繪製成圖，顯然這幅圖能夠直接和粒子的夸克組成方式相對應；換句話說，不同的夸克組成就對應到圖上的不同位置（見圖 12）。

圖 **11**　核子貝他衰變機制現在可以這麼解釋：中子內部的一個下夸克（d）透過弱核力衰變成為上夸克（u），中子轉變成質子，同時放射出一個虛擬 W$^-$ 粒子。

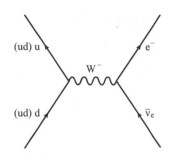

圖 **12**　八重道可以透過上、下和奇夸克的眾多可能組合方式得到漂亮的解釋，圖中所示為重子的八位元表示。Λ^0 粒子和 Σ^0 粒子都是由上、下和奇夸克所組成的，但是它們的同位旋卻不相同。Λ^0 粒子的同位旋為零，而 Σ^0 粒子則是 1，這個相異之處的原因可以歸結到上、下夸克不同的波函數組合方式。Λ^0 粒子具有反對稱（ud – du）組合，而 Σ^0 粒子則具有對稱（ud + du）組合。

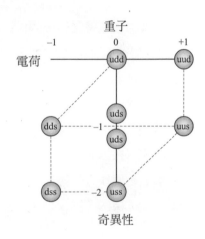

＊ 同位旋和夸克數量的關係其實比這邊寫的還要再複雜一點。同位旋等於 $\frac{1}{2} \times$（上夸克數量－反上夸克數量）－（下夸克數量－反下夸克數量）。

† 同理，奇異性和夸克數量的關係也要再複雜一點。奇異性等於負的「奇夸克數量－反奇夸克數量」。

　　歷史再次重演，雖然蓋爾曼獨力進行研究，但他也不是唯一一位在尋求基本解釋的理論學家。在蓋爾曼提出夸克概念的前幾年，內埃爾從英國回到了以色列，之後便和以色列數學家戈德堡一起研究一種非常純理論的構想。他們的構想也和三個基本粒子有關，但是他們認為這些粒子具有分數電荷值，不可能是「真實」粒子，所以他們卻步了，沒將這個想法公諸於世。

　　大約在蓋爾曼的推測付印成紙本的同時，已畢業的加州理工學院學生茨威格也發展出完全等價的系統，他以撲克牌術語將三個基本粒子稱之為「王牌」。他也同樣想到重子可以由三張王牌構成，介子則可以由兩張王牌和「反王牌」構成。當時茨威格正在 CERN 擔任博士後研究助理，他在一九六四年一月透過 CERN 的預印本發表了這個概念，後來他看見蓋爾曼的論文，便快馬加鞭對他的模型進行闡述，產出厚達八十頁的第二份 CERN 預印本，然後提交到聲望崇高的期刊「物理評論」。

　　不過他的同儕審查員要他噤聲，這篇論文從來沒能發表。

　　蓋爾曼已經是權威物理學家，許多著名的發現都是他的功勞，所以他對夸克的判斷「失誤」可以被原諒；但是茨威格身為一名年輕的博士後研究助理，並沒有這樣幸運的地位。論文事件後不久，茨威格到一所頂尖大學求職，教職員中有一位受人尊敬的資深理論學家，他宣稱茨威格的王牌理論是江湖郎中的騙術。茨威格沒得到教職，在一九六四年年底重回加州理工學院任職。之後蓋爾曼費了很大一番苦心，才能確保茨威格對

發現夸克的功勞。

　　夸克模型是優美簡潔的設計，但到目前為止，這只不過是在把玩各種數學模式罷了，不管怎麼說，這個模型就是缺乏實驗基礎。蓋爾曼對這些新粒子抱持著相當含糊的態度，而這種態度對他的學術事業並沒有幫助。理論上，這些粒子永遠無法被觀察到，所以蓋爾曼將夸克歸類到「數學」範疇，以避免引發糾纏不清的哲學辯論。有些人認為這代表蓋爾曼不認為夸克是真正的「東西」，並不真實存在，也不具有實際的作用。

　　茨威格比較大膽（或魯莽，端視你的觀點而定），在他的第二份 CERN 預印本裡，他就說了這樣的話：「這個模型也有可能比我們以為的還要更接近真實的自然界，而我們的身體裡充滿了大量具有分數電荷值的王牌。」[5]

　　固態物理學家安德森（非先前提到發現正子的卡爾・安德森）不相信戈德斯通定理，因為在固態物理學的許多實驗裡，都可以很清楚地發現規範對稱發生自發性破裂後，不一定會產生南部－戈德斯通玻色子。對稱性無時無刻都在遭受破壞，但是固態物理學家卻沒有被像光子一樣的大量零質量粒子所淹沒。舉例來說，超導體就不會產生零質量粒子。一定有哪裡出了點差錯。

　　安德森於一九六三年提議，這個讓量子場理論學家苦苦纏鬥的問題，或許能夠透過某些方法自解。[6]

　　考慮超導性的類似情況，就像是開啟了一條通往解答

的道路⋯⋯而不必牽扯到零質量的楊－米爾斯規範玻
色子，或是零質量的（南部－）戈德斯通玻色子等難
題。這兩種玻色子似乎能夠「互相抵消」，只留下質
量有限的玻色子。

　　事情就這麼簡單？把兩個錯誤合起來，結果就對了嗎？安
德森的論文掀起了幾許爭議。當正反意見在科學出版界大肆爭
議，許多物理學家正小心翼翼地記上一筆。

　　接下來，一系列詳盡敘述自發性對稱破裂機制的論文連番
發表，在這些論文裡，各式各樣的零質量玻色子的確「互相抵
消」了，只留下有質量的粒子。這些論文由比利時物理學家布
繞特和恩格勒、愛丁堡大學的英國物理學家希格斯，以及倫敦
帝國學院的古拉尼、哈庚和基博爾這三組團隊獨立發表。＊這
套機制通常稱作**希格斯機制**（Higgs mechanism，或者，若你
比較在乎發現的「民主性」，也可以稱之為布繞特－恩格勒－
希格斯－哈庚－古拉尼－基博爾機制，或依各人名字首字母簡
稱為 BEHHGK 機制，或取前者諧音叫它「貝克」機制）。

　　這套機制的運作方式是這樣的，一個自旋 1（玻色子）的
零質量場粒子以光速移動，它具有兩個「自由度」，意思是它
波動振幅可以在兩個維度振盪，而這兩個維度垂直於前進方
向。假設說這個粒子是在 z 軸上運動好了，那麼它的波動振幅
只能在 x 軸和 y 軸振盪（左右和上下）。就光子而言，這兩個
自由度和左旋跟右旋偏振有關，這些狀態可以結合成我們比較
熟悉的水平（x 軸）和垂直（y 軸）方向的線偏振，所以對光

來說，並不存在第三個維度的偏振。

　　要改變這種狀態，那就必須引入一個通常被稱作「希格斯場」的背景量子場，以破壞對稱性。[†] 希格斯場的特徵在於它的**位能曲線**的形狀。

　　位能曲線的概念相當直觀，想像一個來回擺動的擺錘，當擺錘往上擺動時，它會慢下來，停住，然後往另一個方向繼續擺動。在靜止的那一點，擺錘運動的全部能量（動能）都轉變成了位能，儲存在擺錘裡；當擺錘往回擺動，位能便得到釋放，成為動能，使得擺錘逐漸加速；在擺動的最低點，也就是擺錘垂直指向下方的那一點，動能達到了最大值，而位能在這一刻為零。

　　如果我們相對於擺錘的垂直位移角繪出位能值，我們會得到一條拋物線，如圖 13(a) 所示。這條位能曲線的最小值，很明顯是在擺錘位移為零之處。

　　希格斯場的位能曲線有點微妙的不同。我們現在不畫位移的角度，而是繪出希格斯場本身位移的量值。在接近曲線底端的地方有個小突起，有點像墨西哥帽的頂端，或是香檳瓶底部的凹陷。這個小突起會迫使對稱性發生破裂，當希格斯場冷

＊ 這三篇論文於一九六四年發表在期刊《物理評論快報》（*Physical Review Letters*）的同一期（第十三期），分別刊登於第三二一至第三二三頁、第五○八到第五○九頁，以及第五八五到第五八七頁。

† 不同於本書目前提過的其他量子場，希格斯場是個「純量」場，意思是，它在時空中的每個點都有強度，但不具方向性。換句話說，希格斯場並不會朝任何特定方向「推」或「拉」。

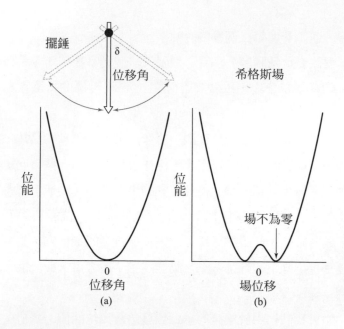

圖 13 (a) 在簡單而無摩擦力的擺錘例子裡,位能曲線的形狀像一條拋物線,零位能對應到擺錘的零位移。無論如何,希格斯場的位能曲線 (b) 形狀不大相同,現在零位能對應到一個有限的(場本身的)位移,物理學家稱之為真空中不為零的期望值。

卻而失去位能(就像倒下的鉛筆),就會隨機落入曲線的「山谷」裡(這條曲線事實上是三維的),但是這一次,曲線上的最低點對應到一個場中的非零值。物理學家將此視為真空中不為零期望值,代表了「假」真空,換句話說,真空並非完全空無一物,而是包含了希格斯場的非零值。

破壞對稱性會產生零質量的南部-戈德斯通玻色子,現在這些粒子可能會被自旋 1 的零質量場玻色子所「吸收」,製造

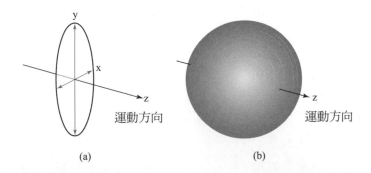

圖 14　(a) 一個零質量玻色子以光速移動，它只有兩個橫截的「自由度」，亦即左右（x軸）和上下（y軸）。當粒子與希格斯場互動，它可能會吸收一個零質量的南部－戈德斯通玻色子，得到第三個自由度：前後（z軸）。於是粒子獲得「深度」而慢下來，這個對加速度的阻力就是粒子的質量。

出第三個自由度（前後）。於是場粒子的波動振幅就可以在全部三個維度振盪了，粒子的前進方向也包括在內，所以粒子就有了「深度」（見圖14）。

　　在希格斯機制裡，得到三個維度就像是踩下煞車，粒子會根據和希格斯場的交互作用強度而減慢速度。

　　光子並不會與希格斯場互動，所以能夠不受阻礙地以光速移動，仍然不具質量；那些會和希格斯場互動的粒子則會得到深度，獲得能量，然後慢下來，場就像糖漿一樣拖住它們。這些粒子和場的交互作用顯露了對粒子加速度的阻力。*

＊請注意，受到阻礙的是加速度運動，以定速移動的粒子並不會受到希格斯場的影響。因為如此，所以希格斯場與愛因斯坦的狹義相對論並不衝突。

這是不是有點似曾相識？

物體的慣性質量就是抵抗加速度的量度。依我們的直覺，慣性質量等同於物體所擁有的實體量，物體包含愈多「東西」，就愈難使它加速，希格斯機制將這個邏輯的責任攬到自己身上。**我們現在將希格斯場阻撓粒子加速這回事，闡釋為粒子的（慣性）質量。**

在這樣的邏輯裡，質量的概念消失無蹤了；取而代之的，是零質量粒子和希格斯場的交互作用。

希格斯機制並沒有馬上改變大家的想法。希格斯本人在發表論文時遇上了一些困難，他本來在一九六四年七月將論文寄給歐洲期刊《物理快報》，卻因為編輯認為不適宜發表而遭到退稿。一年後，希格斯寫道：[7]

> 我很生氣，我相信我提出的機制對粒子物理學會有重大的後果。我的同事史奎爾在一九六四年八月待過 CERN，後來他告訴我，那裡的理論學家並沒有看出我研究的重點。回想起來，這還真是不足為奇，因為在一九六四年……量子場論已經退流行了……

希格斯做了些修正，然後把他的論文重新投到「物理評論快報」期刊。論文被送到南部陽一郎手上進行同儕審查。《物理評論快報》最近（一九六四年八月三十一日）才刊出由布繞特和恩格勒寫的一篇文章，南部陽一郎要求希格斯評論他的論文和布繞特兩人那篇文章的關係。希格斯當時並不知道布繞特

和恩格勒也在研究同樣的問題，後來他也把他們的論文加進注腳，還在本文結尾添加了一段，引起讀者對「純量及向量玻色子不完整的多重態」[8]之可能性的注意力，這個講法相當模糊，真正的意思是，可能存在另一種具有質量的零自旋玻色子，也就是希格斯場的量子粒子。

這個粒子，就是後來所謂的「希格斯玻色子」（Higgs Boson）。

或許你會感到驚訝，對那些最可能需要藉此解決手上問題的物理學家而言，希格斯機制卻沒有造成太多立即的影響。

希格斯於一九二九年出生在英格蘭的泰恩河畔新堡。一九五○年，他畢業於倫敦的國王學院物理系，四年後取得博士學位，接下來他在愛丁堡大學和倫敦帝國學院任職過一陣子，於一九六○年回到愛丁堡大學，擔任數學物理學講師。他在一九六三年和核裁軍運動的行動分子喬蒂·威廉森結婚。

一九六五年八月，希格斯帶著喬蒂，在休假期間來到北卡羅萊納大學的教堂山分校，他們的長子克里斯托弗於幾個月後出生。孩子出生後不久，希格斯收到戴森的邀請，請他到高等研究院舉辦研討會，為他們說明希格斯機制。希格斯將要參加的研討會就是高等研究院著名的「強制義務研討會」，強制義務研討會採邀請制，會議召開時才從與會者之中抽籤選出演講者，每一個與會者都需要事先充分準備，才能隨時反駁演講者犯下的錯誤。希格斯相當謹慎面對這個讓大家接受自己理論的機會，不過當他在一九六六年三月出席研討會，他倒是全身

而退，沒受到什麼挑戰。包立早在一九五八年十二月就過世了，若他生前有機會聽到希格斯的主張，或許他對運氣不佳的楊振寧在十二年前的辯解之詞，會有不一樣的態度。

希格斯把握這次機會，前往哈佛大學履行一場答應很久的研討會，隔天他在哈佛就取得了很大的進展。這裡的與會者同樣多疑，其中有一位哈佛的理論學家後來就承認他們「一直很期待把這個白痴撕成碎片，因為他竟然以為自己可以避開戈德斯通定理。」[9]

格拉肖當時也在場，但是看來他幾乎已經忘了自己曾經企圖發展電弱統一理論，他的理論預測零質量的 W^+、W^- 和 Z^0 粒子，但這些粒子卻必須具有質量。「很不幸，他的健忘症持續了整個一九六六年。」希格斯寫道。[10] 替格拉肖說句公道話，其實希格斯也一心想著要把他的機制應用在強核力上。

但是格拉肖沒能看出端倪，最後是由他的高中同學溫伯格找到了關聯（薩拉姆也獨立得到同樣的研究成果）。

溫伯格在一九五四年於康乃爾大學取得學士學位後，就到哥本哈根的波耳研究所開始他的研究生生涯，之後回到普林斯頓大學攻讀博士，於一九五七年取得學位。他在紐約的哥倫比亞大學和加州的勞倫斯放射實驗室完成博士後研究，接著在加州大學柏克萊分校獲聘教授職位。一九六六年，他請假前往哈佛擔任客座講師，他在隔年成為麻省理工學院的客座教授。

最初幾年，溫伯格忙著研究 $SU(2) \times SU(2)$ 場論所描述的強交互作用下的自發性對稱破裂效應。一如幾年前南部陽一郎和喬納拉希尼歐所發現，對稱破裂的結果，就能獲得具有質量

的質子和中子，溫伯格相信過程中所產生的南部－戈德斯通玻色子近似於 π 介子。在當時，這一切看來都很合理，而且溫伯格根本就不打算繞過戈德斯通定理，他反倒相當歡迎預測中的額外粒子。

但是溫伯格現在意識到，這個方法不可能開花結果。就在這個時候，他靈機一動：[11]

在一九六七年秋天的某個時間點，我想那是在開車前往我的麻省理工辦公室的時候，我忽然想到，原來我一直把對的想法應用在錯的問題上。

溫伯格一直嘗試將希格斯機制應用在強核力上，他現在明白了，他嘗試應用在強交互作用的數學結構，正好可以拿來解決弱交互作用，以及弱交互作用所暗示的大質量玻色子。「我的天啊，」他對自己大聲說，「這就是弱交互作用的解答！」[12]

溫伯格相當清楚，如果像格拉肖的 $SU(2) \times U(1)$ 電弱場論那樣，手動將 W^+、W^- 和 Z^0 粒子的質量加入方程式，那麼就會出現不可重整化的結果；他現在很想知道，如果使用希格斯機制來破壞對稱性，是否就可以賦予粒子質量，消除不想要的南部－戈德斯通玻色子，而且產出一個原則上可重整化的理論？

弱中性流的問題還是沒有解決，這種交互作用和電中性的 Z^0 粒子有關，而且仍然缺乏實驗支持。他決定將他的理論

限制在輕子（電子、緲子和微中子）上，藉此完全避開這個問題。由於強子會受到強核力影響，他現在對強子相當謹慎，尤其是奇異粒子，因為奇異粒子是進行弱交互作用實驗探索的主要園地。

在這樣一個只包含輕子的模型裡，還是可以預測會有中性流存在，但是現在牽扯到的是微中子。微中子本來就證實是相當難以在實驗中發現的一種粒子，而溫伯格或許想到，尋找和微中子相關的弱中性流會是無法克服的實驗挑戰，所以他大可以作此預測，而不必太害怕遭到推翻。

溫伯格於一九六七年十一月發表論文，詳盡描述了輕子的電弱統一理論。透過自發性對稱破裂，SU(2)×U(1) 場論會被簡化為普通電磁場的 U(1) 對稱，藉此賦予質量給 W^+、W^- 和 Z^0 粒子，同時維持光子不具質量。溫伯格也估算了弱核力的玻色子的質量規模，W 粒子的質量大約是質子的八十五倍，Z^0 粒子的質量大約是質子的九十六倍。他無法證明他的理論能被重整化，但他對此很有信心。

希格斯在一九六四年提到希格斯玻色子有可能存在，但是並沒有特別指定和哪一種作用力或理論有關。溫伯格在他的電弱理論裡，發現有必要引進包含四種組成成分的希格斯場，其中三種分別賦予質量給 W^+、W^- 和 Z^0 粒子，第四種則表現出物理粒子的樣貌，也就是希格斯玻色子。本來希格斯玻色子只是數學上的一種可能性，現在成為了預測中的存在粒子，溫伯格甚至還估算了希格斯玻色子和電子之間的耦合強度。希格斯粒子朝「真實」粒子的方向，跨出了至關重大的一步。

在此時的英國,薩拉姆原本正在研究 SU(2)×U(1) 電弱場論,在基博爾介紹希格斯機制給他後,薩拉姆馬上就看出自發性對稱破裂的潛在效果。當他拿到溫伯格論文的預印本,看見溫伯格將這套理論應用在輕子上,他便發現他們兩人各自建立了完全相同的模型。薩拉姆決定先不發表自己的研究成果,想等到有機會將強核子妥善納入理論後再說,但儘管他多方嘗試,終究還是避不開弱中性流的問題。

溫伯格和薩拉姆都相信這套理論可被重整化,但他們無法證明這一點,也沒有辦法預測希格斯玻色子的質量。

希格斯機制和相關的研究並沒有引來太多注意,因為那些真正在關注的少數人多半都很吹毛求疵。的確,質量問題透過某種「障眼法」解決了,只不過這個障眼法牽涉到的是一個假想的場,而這個場還暗示了另一種假想的玻色子。看來量子場理論學家跟以前也沒什麼兩樣,只不過是根據沒什麼人懂的含糊規則,在進行場和粒子的數學遊戲罷了。

粒子物理學家直接忽視他們,埋頭研究自己的科學。

第五章
我辦得到

特胡夫特證明楊－米爾斯場論能被重整化；蓋
爾曼和弗里奇以夸克荷為基礎，發展出強核力理
論。

　　除了不合理的分數電荷值，夸克模型還有另一個大問題。夸克做為質子和中子等「物質粒子」的組成成分，它一定得是具有二分之一自旋數的費米子。也就是說，根據包立不相容原理，強子每個可能的量子態都不能容納超過一個夸克。

　　但是夸克模型當中的質子必須包含兩個上夸克和一個下夸克，這就好像是說，同一個原子軌道上要包含兩個自旋向上的電子和一個自旋向下的電子。這無論如何是不可能的事，因為電子波函數的對稱性質禁止這種事發生，一個質子內只能有兩個電子，一個自旋向上，一個自旋向下，並沒有第三個電子的立足之地。同理，如果夸克是費米子，那麼質子裡應該沒有空間容納兩個夸克。

　　在蓋爾曼的第一篇夸克論文發表後，這個問題很快就被意識到了。一九六四年，物理學家格林堡提出夸克或許其實是**仲費米子**，換句話說，除了數值為「上」、「下」或「奇」這三

種量子數，夸克可以透過另一種「自由度」來區分，因此，不同種類的上夸克是可以存在的。只要兩個上夸克的種類不同，它們就可以快樂地並肩坐在質子裡，而不需要爭奪同樣的量子態。

但這個模型還是有問題。格林堡的解法打開了一扇大門，使得重子能具有如同玻色子的行為模式，凝聚成像雷射光束的單一宏觀量子態。這實在叫人無法接受。

南部陽一郎也思考類似的方案，認為應該要有兩種（後來修正為三種）不同種類的上、下和奇夸克。一九六五年，一位來自紐約雪城大學的年輕研究生寫信給南部陽一郎，在信上詳述了這個概念。他是韓國出生的韓武榮，南部陽一郎和他一起寫了一篇論文，並在當年度發表。

他們發表的理論並不只是簡單延伸了蓋爾曼的量子理論。韓武榮和南部陽一郎引進了一種不同於電荷的「夸克荷」，質子裡的兩個上夸克可以具有不同的夸克荷，這麼一來就能避免和包立不相容原理衝突。他們推論將夸克維持在較大的原子核裡的力，是基於區域 SU(3) 對稱性，可不要跟八重道背後的全域 SU(3) 對稱性搞混了。

他們也決定要利用這次機會，擺脫夸克理論裡的分數電荷值。他們不以 +1、0 和 –1 的電荷值來疊加計算 SU(3) 的三重態，而是使用夸克荷。

沒有人特別注意他們的理論。韓武榮和南部陽一郎已經朝終極理論跨出了一大步，但這個世界卻還沒準備好。

一九七○年，格拉肖終於回頭研究他的 SU(2)×U(1) 電弱場論，和他並肩作戰的是兩位哈佛博士後研究員：希臘物理學家李爾普羅斯，以及來自義大利的馬伊阿尼。格拉肖在 CERN 和李爾普羅斯初識，當時李爾普羅斯正在努力尋求某種弱核力場論的重整化方法，格拉肖對此感到印象深刻；而馬伊阿尼抵達哈佛大學時，對弱交互作用的強度已經別有見解。他們三人全都感受到彼此有志一同。

在這個階段，他們對溫伯格在一九六七年所發表的論文一無所知。溫伯格在該篇論文裡，將自發性對稱破裂和希格斯機制應用在輕子的電弱理論上。

格拉肖、李爾普羅斯和馬伊阿尼再次和電弱場論纏鬥。他們將 W+、W– 和 Z0 粒子的質量手動加進方程式裡，卻造成方程式難以控制的發散，使得該理論無法重整化。此時弱中性流的問題又冒了出來。舉例來說，理論預測電中性的 K 介子應該會透過放射 Z0 玻色子以進行衰變，在過程中改變 K 介子的奇異性，並製造出兩個緲子（也就是弱中性流）。然而，這樣的衰變模式卻完全缺乏實驗證據。與其全然拋棄 Z0 粒子，這三位物理學家比較希望能找出此特定模式受到抑制而難以偵測的原因。

緲子微中子是在一九六二年發現的，是繼電子、電子微中子和緲子後的第四種輕子。物理學家開始修補包含四種輕子和三種夸克模型的不足之處，首先嘗試了加入更多種類的輕子，但其實格拉肖在一九六四年就發表過一篇論文，推測第四種夸克存在的可能性，他稱之為**魅夸克**。這似乎比較說得

通，自然界當然會傾向輕子和夸克的數量維持平衡，畢竟具有四種輕子和四種夸克的模型，其對稱性看起來比較賞心悅目。

第四種夸克的電荷值為 $+\frac{2}{3}$，是上夸克的重量級版本。格拉肖等三人在理論裡摻進了這第四種夸克，卻發現為了加入第四種夸克，弱中性流必須從理論當中被移除。

弱中性流可能在兩種衰變過程裡出現，一種和 Z^0 粒子有關，另一種比較複雜，牽涉到 W^+ 和 W^- 粒子的放射現象。這兩種情況的結果是一樣的，都會產出兩個電性相反的緲子：μ^- 和 μ^+。後者的衰變路徑如圖 15 所示，圖中有一個中性 K 介子（標示為下夸克和反奇夸克的組合）放射出虛 W^- 粒子，下夸克（電荷值為 $-\frac{1}{3}$）則轉變成上夸克（電荷值為 $+\frac{2}{3}$），該虛 W^- 粒子接著衰變成一個緲子和一個緲子反微中子。

上述過程產出的上夸克，可視之為在放射出虛 W^+ 粒子的過程中轉變成奇夸克，該 W^+ 粒子則衰變成一個正緲子和一個緲子微中子。對淨結果來說，這會產生一次「單圈貢獻」（one loop contribution），中性 K 介子就這樣衰變成兩個電性相反的緲子。

原則上，像這種中性流的例子沒有理由觀察不到。話又說回來，在中性 K 介子的一般衰變模式過程裡，產出的並不是緲子，而是 π 介子，通往緲子的衰變路徑不知怎麼地受到了抑制。格拉肖三人意識到，或許玄機就在牽涉到魅夸克的完整且類似的衰變路徑（見圖 15(b)）。這兩條可能的衰變路徑裡只有一個符號不同，而這個相異點就意味了，事實上它們幾乎將彼此給抵消得一乾二淨。中性 K 介子就像是一隻被車頭燈

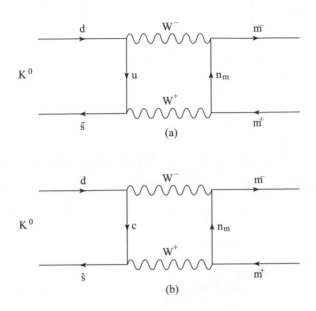

圖 15　(a) 一個中性 K 介子透過一套複雜的機制（其中牽涉到 W⁺ 和 W⁻ 粒子的放射現象）衰變成兩個緲子，過程中淨電荷值並無改變，所以這是個弱中性流。(b) 另一條和魅夸克（圖中標示為 c）有關的衰變路徑，圖 (a) 定義的衰變路徑就這樣被抵消了。

逮個正著的兔子，無法決定該往哪個方向跳，直到為時已晚。

　　這真是個巧妙的解法。K 介子是研究弱交互作用實驗的主要園地，應該要出現弱中性流，但這樣的事卻幾乎沒發生過，原來是因為牽涉到魅夸克的另一種衰變模式所致。

　　這三位物理學家對這個發現興奮極了，他們擠進一輛車朝麻省理工出發，拜訪美國物理學家洛歐的辦公室，洛歐當時正在研究同一個問題。溫伯格也加入他們，一起辯論這個嶄新的

格拉肖－李爾普羅斯－馬伊阿尼機制（或取三人的名字首字母，稱作 GIM 機制）裡頭的優點。

接下來他們卻嚴重溝通不良。

此刻在洛歐辦公室裡的這些理論學家，他們腦子裡的知識幾乎可以拼湊出電弱統一理論的所有成分。溫伯格已經解出如何使用希格斯機制，將自發對稱破裂應用在輕子的 SU(2)×U(1) 場論裡，場粒子的質量可藉此計算得知，而不必手動輸入；格拉肖三人則在奇異粒子的衰變過程裡，發現了弱中性流問題的可能解法，而且有希望將 SU(2)×U(1) 理論擴展到有強子參與的弱交互作用。但他們還是需要手動輸入場粒子的質量，和發散方程式艱苦纏鬥。

格拉肖三人對溫伯格的一九六七年論文一無所知，溫伯格倒也隻字未提。溫伯格後來承認他對自己之前的研究成果有種「心理障礙」，特別是當遇上電弱理論能否重整化的問題時。[1] 他也不欣賞魅夸克的提議，格拉肖三人喚來的，不只是「一個」新粒子，也不只是相關性不明的粒子大家族裡的一分子，而是一堆全新的「魅」重子和「魅」介子。如果魅夸克真的存在，那麼八重道只不過是更龐大的表示裡頭的子集合罷了，因為還有許多「魅」成員需要包含進去。

光是為了解釋弱中性流為何在奇異粒子的衰變過程裡**缺席**，就這樣大費周章，實在叫人難以輕易接受。「當然，並不是每個人都相信預測中的魅強子是真實存在的。」格拉肖說[2]。

除非有人能夠證明溫伯格－薩拉姆電弱理論可重整化，否

則事情不會有任何進展。

荷蘭理論學家韋爾特曼曾在烏得勒支大學學習數學和物理學，他在一九六六年成為該大學的教授。一九六八年，他開始研究楊－米爾斯場論的重整化問題。

在荷蘭，高能物理學並不是熱門的研究主題，這樣的風氣造就某種孤立感，不過這正合韋爾特曼之意，因為這麼一來，他就不必替自己選擇這麼不合潮流的研究主題辯護了。

一九六九年初，他負責指導一位名叫特胡夫特的年輕學生完成博士前論文（荷蘭學制的規定）。韋爾特曼不想讓他的年輕學生研究楊－米爾斯場論，因為他判斷這個主題的風險太大，恐怕對學生日後求職沒有幫助。但是在特胡夫特完成他的博士前論文之後，他在該所大學裡便取得了職位，所以他可以接著攻讀博士。特胡夫特表示他很希望能繼續和韋爾特曼一起進行研究。

韋爾特曼還是認為楊－米爾斯場論裡頭危機四伏，他在重整化工作上已經大有進展，但是這個問題極度難搞。不過特胡夫特倒是強烈認為，這正好替他的博士論文提供了大展手腳的空間。韋爾特曼一開始建議了另一個主題，但特胡夫特不願意改變研究方向。

他們是個性迥異的一對搭檔。韋爾特曼身上帶著英雄色彩，俐落直接，儘管荷蘭的物理社群通常對他的研究漠不關心，但他對自己的成就相當自豪；特胡夫特身材清瘦，個性相當謙虛，非凡的敏銳心靈隱藏在他的謙遜外表底下。

特胡夫特在他一九九七年出版的作品《尋找終極基礎材

料》裡，介紹了韋爾特曼的一則軼事。有一天，韋爾特曼走進一座已經客滿的電梯，當關門鈕被按下，警告超重的電梯警鈴就響了。每個人都看著韋爾特曼，因為他挺著個大肚子，又是最後一個進電梯的人。或許其他人會不好意思地咕噥著抱歉，一邊退出電梯，但韋爾特曼可沒這麼做。他對愛因斯坦的等效原理相當了解，這個廣義相對論的基本原理是這麼說的：自由落下的人不會感受到自己的重量。他知道該怎麼做。

「當我說『好』的時候，就按關門鈕！」他大聲說。[3]

接著他往上一跳，大喊「好！」。

有人按下關門鈕，電梯開始上升。等到韋爾特曼的雙腳再次落地，電梯的速度已經足夠繼續向上。當時特胡夫特也在電梯裡。

一九七〇到一九七一的秋冬某天，韋爾特曼和特胡夫特在大學校園的建築物之間散步。

「我們一定要有至少一個可重整化的理論，」韋爾特曼跟他的學生說，「能夠處理大質量的帶電向量玻色子。我不在乎這個理論到底是什麼，也不在乎要如何得到，理論看起來和自然界是否相像也不是重點，反正之後總會有怪咖出手修正模型的細節。不管怎麼說，所有可能的模型都已經發表了。」[4]

「這我辦得到。」特胡夫特輕聲說。

韋爾特曼非常清楚這個問題有多麼困難，而且他也知道其他人（比如說費曼）的嘗試都失敗了，特胡夫特的宣言讓他大

為吃驚，害他差點一頭撞上一棵樹。

「你剛才說什麼？」他問。

「我說我辦得到。」特胡夫特重複道。

韋爾特曼對這個問題研究了這麼久，他沒辦法輕易相信解法會像特胡夫特所想像的那麼簡單。他會這樣存疑也是情有可原。

「寫下來，我們拭目以待。」他說。

特胡夫特已經在科西嘉島卡哲日的暑期學校學到了自發性對稱破裂，時間是一九七〇年；在那一年的年底，他便在他個人發表的第一篇論文裡，證明了包含零質量粒子的楊－米爾斯場可重整化。特胡夫特很有信心，他認為只要應用自發性對稱破裂，就算是具有大質量粒子的楊－米爾斯場論也一樣可重整化。

短短時間內，他還真的把解法寫了下來。

韋爾特曼對特胡夫特使用希格斯機制的做法不太高興，他擔心的是，像希格斯場這種瀰漫整個宇宙的背景場，應該會經由重力效應自暴行蹤。＊

於是他們來回爭論，最後特胡夫特決定將理論操作的結果提交給他的論文指導教授，但不明確告訴他這些結果是怎麼得到的。韋爾特曼很清楚這一切，但是他只想要檢查特胡夫特的

＊ 愛因斯坦對宇宙常數有特別的貢獻，他在他的重力場方程式首次提到宇宙常數時，稱之為「捏造因素」（fudge factor）。在大霹靂宇宙論的 Λ-CDM 模型裡，宇宙常數（Λ）控制了時空擴展的速率。

研究結果是否為真。

韋爾特曼在幾年前研發出一個新方法，可以透過電腦程式進行代數運算，他將這套電腦程式稱作「斯渾斯氣普」，也就是荷蘭文的「清潔船」。*這或許是史上首見的電腦代數系統，能夠操作以符號表示的數學方程式。他現在帶著特胡夫特的研究結果來到日內瓦，要在 CERN 的電腦上檢查。

韋爾特曼感到很興奮，但還是一樣存疑。當他在設定電腦程式時，他仔細看過特胡夫特的研究結果，決定把出現在方程式裡的幾個四次方項的因數拿掉，因為這些因數可以追溯到希格斯玻色子。他認為使用四次方項真是瘋了，所以他設定好程式，拿掉這些因數，然後執行。

他馬上就打電話給特胡夫特，他說：「幾乎成功了，你只弄錯了幾個平方項的因數。」[5]

其實特胡夫特並沒有弄錯。「於是他便明白了，就連四次方項的因數都是對的，」特胡夫特後來解釋道，「每一項都漂亮地消掉了。到了這個時候，他跟我一樣感到興奮。」

特胡夫特已經獨立（而且純屬巧合）地重新製造出溫伯格在一九六七年所發展的破裂 SU(2)×U(1) 場論，而且現在還示範了如何進行重整化。特胡夫特本來想把這套場論應用在強核力上，但是韋爾特曼向 CERN 的一位同事問起，不曉得 SU(2)×U(1) 場論有沒有任何其他的應用，那位同事就指引他

---

* 這是荷蘭海軍的一個術語，意思是「清理殘局」。韋爾特曼後來
　聲稱他之所以選用這個名字，是為了惹惱所有不是荷蘭人的人。

去讀溫伯格的論文。韋爾特曼和特胡夫特這才意識到，他們已經發展出可完全重整化的電弱交互作用量子場論。

這是一次重大的突破。「……重整性的完整證據具有強大的心理影響。」韋爾特曼在幾年後寫道。[6] 事實上，特胡夫特所做的，只不過是示範了楊－米爾斯規範理論大致上是可重整化的；而在眾多場論裡，其實只有區域規範理論是唯一可被重整化的類別。

當時特胡夫特才二十五歲。格拉肖一開始並不明白特胡夫特提出的證據，所以這麼評論他：「這傢伙要不是個超級白痴，就是近年來對物理學造成最大衝擊的絕世天才。」[7] 溫伯格本來也不相信，但是當他看見一位理論學家同伴認真看待此事，他便決定仔細研究一下特胡夫特的成果。他很快就被說服了。

特胡夫特被任命為烏得勒支大學的助理教授。

全部原料都齊全了，現在關於弱核力和電磁力、可重整化的自發性破裂 $SU(2) \times U(1)$ 場論就在手邊，透過希格斯機制，W 和 Z^0 玻色子的質量「自然而然」地浮現了。還是有些異常存在，但是特胡夫特在論文的一處注腳指出，這並不會使得理論無法重整化。「當然，」他在幾年後寫道，「我們可以這麼說，加入適當數量的費米子（夸克）種類，就能保持重整性，但我得承認，我覺得這種手段可能根本不必要。」[8]

在模型裡加入更多夸克，便能消除仍然存在的異常。

如今強核力場論的希望何在？

　　蓋爾曼於一九六九年獲頒諾貝爾物理獎，以表彰他的諸多貢獻，其中最值得一提的是奇異性的發現和八重道。諾貝爾物理委員會的成員沃勒在典禮的頒獎詞一一舉出蓋爾曼的各項成就，其中也提到了夸克。沃勒說，雖然物理學家熱切尋找，還是沒能發現夸克，但他殷勤地承認，儘管如此，夸克仍然具有偉大的「啟發性」價值。

　　蓋爾曼現在躋身諾貝爾得獎者之列，得開始適應盛名之累了。會議邀請和論文邀稿的需求如潮水般湧來，蓋爾曼一向覺得寫作是很艱難的過程，這下更是不可能辦到了。他甚至錯過了自己的諾貝爾獎講稿截止日，沒有提供文章給那一年的瑞典學院《諾貝爾獎》文獻刊載。＊而他錯過的截止日可不只有這麼一個。

　　一九七〇年夏天，蓋爾曼和他的家人到科羅拉多州的阿斯本隱居，但他想躲避的是承諾下的那些截止日，而不是物理學。他和其他物理學家帶著家人在阿斯本物理中心度假。

　　阿斯本物理中心是專為諾貝爾獎得主量身打造的，讓他們可以擺脫叫人分心的事務，好好喘口氣。中心於一九六二年由阿斯本人文研究所創建，這是某兩位物理學家提出的建議，他們的想法是要建立一座機構，提供一個平和、放鬆、無拘束的環境，物理學家可以從學術工作日復一日的行政需求裡脫身，只和彼此談論物理學。人文研究所坐落在阿斯本草甸校園

＊諾貝爾獎網站（Nobelprize.org）上平鋪直敘地說明：「蓋爾曼教授已經（於一九六九年十二月十一日）發表了他的諾貝爾獎演說，但並未提供手稿以茲刊載。」

的一角，周圍環繞著城鎮邊緣的白楊樹叢。

蓋爾曼就是在阿斯本遇見了弗里奇。弗里奇強烈相信夸克模型，但他發現蓋爾曼對自己的「數學」創作卻有種古怪的矛盾情結，這讓他相當震驚。

弗里奇出生於東德萊比錫以南的茲威考，他和一位同事一起脫離共產東德，逃出保加利亞當局的掌控。他們乘坐附掛馬達的小艇，沿著黑海往南航行三百多公里，抵達土耳其。

他開始在西德慕尼黑的普朗克物理暨天體物理研究所攻讀理論物理學博士，受教於海森堡等多位教授門下。一九七〇年夏天，他在前往加州的路上途經阿斯本。

身為東德出身的學生，弗里奇已經接受夸克必定是強核力量子場論的核心，這些東西絕對不僅只是數學工具，它們是真實存在的。

蓋爾曼對這位德國年輕人的熱誠感到印象深刻，他同意讓弗里奇大約一個月來訪一次加州理工學院，加入他的研究陣營。他們開始並肩研究基於夸克的場論。等到一九七一年年初，弗里奇在西德完成了他的研究生課程，之後便轉到加州理工學院。

弗里奇引發了一場小型地震，撼動了蓋爾曼對夸克的保守態度。而且這不只是一場「心理上」的地震，弗里奇在一九七一年二月九日抵達加州理工學院，當天稍早，正巧在鄰近加州西爾馬之處發生了一場貨真價實的地震，地震襲擊了聖費爾南多谷，規模達芮氏六點六級。「憶及此事，」蓋爾曼後來寫道，「牆上的照片被震得歪七扭八，我沒去動它們，直到

一九八七年的加州惠蒂爾納羅斯地震把它們弄得更亂。」[9]

蓋爾曼替自己和弗里奇安排了補助金，他們在一九七一年秋天都去了一趟 CERN。就是在這裡，小巴丁（提出超導性 BCS 理論的巴丁之子）告訴他們計算得出的中性 π 介子衰變率有些異常。小巴丁之前在普林斯頓停留過一陣子，和阿德勒一起進行計算。他們的研究顯示，具分數電荷值的夸克模型所預測的衰變率比實際量測的值要慢了三分之一；阿德勒更進一步演示，具整數夸克荷的韓－南部夸克模型其實預測得更為準確。

蓋爾曼、弗里奇和小巴丁現在合作開發更多選項，他們想試著調整原本的分數電荷夸克模型，看是否有可能與中性 π 介子的實驗衰變結果吻合。

如同韓武榮和南部陽一郎所建議的，他們需要的就是一個新的量子數，蓋爾曼決定將這個新的量子數稱作「顏色」（colour）。在這個新的方案裡，夸克有可能具有三種不同的「顏色」量子數：藍色、紅色和綠色。*

重子由三個不同「顏色」的夸克組成，所以它們的體「色荷」是零，結果就是「白色」。舉例來說，質子可以視為包含一個藍色上夸克、一個紅色上夸克和一個綠色下夸克

---

* 蓋爾曼、弗里奇和小巴丁最初把夸克色定義為紅色、白色和藍色（這是受到法國國旗的啟發），不過他們很快就發現使用紅色、藍色和綠色比較好，因為這些顏色混合後會變成白色（雖然嚴格來說，是紅色、黃色和藍色這三原色混合後才會變成白色）。為了避免混淆，我在這邊直接使用目前接受的術語。

（$u_b d_r d_g$），中子則包含一個藍色上夸克、一個紅色下夸克和一個綠色下夸克（$u_b d_r d_g$）；介子（像是 π 介子和 K 介子）可以視為是由某個顏色的夸克和它們的反色反夸克所組成，這麼一來整體色荷為零，粒子也會是「白色」的。

這是個很巧妙的解法，不同的夸克色提供了額外的自由度，也就是說包立不相容原理不會被違反。將夸克的種類數量增加三倍，意味中性 π 介子的衰變率現在能夠準確預測了，而且沒有人會預期在實驗中看見色荷，因為這是夸克的一種特性，而夸克被「禁閉」在白色的強子裡頭。由於自然界要求所有可觀測的粒子都必須是白色的，所以我們看不見夸克色。

「我們漸漸發現（顏色）變數能替我們代勞每件事！」蓋爾曼解釋道，「它搞定了統計資料，而且不必引進瘋狂的新粒子。然後我們意識到，它可能也可以搞定動力學，因為我們可以在其上建立一個 SU(3) 規範理論，也就是一個楊－米爾斯理論。」[10]

到了一九七二年九月，蓋爾曼和弗里奇已經精心打造了一個模型，包含三個具分數電荷的夸克，也就是三種「風味（flavours）」（上、下和奇），且各自具有三種顏色，這些夸克被具有八種顏色的膠子（強核「色力（colour force）」的媒介粒子）束縛在一起。在芝加哥國家加速器實驗室開幕的高能物理會議上，蓋爾曼發表了上述模型。

但是他早就有第二個想法了。夸克的狀態和它們總是禁閉在一起的機制再一次困擾著蓋爾曼，這個理論本該大張旗鼓，但他卻有點退卻了。他還提到有單獨存在的膠子的變化模

型，但他強調夸克和膠子都是「虛構的」。

　　等到蓋爾曼和弗里奇開始動筆寫下講稿，他們已經被他們的懷疑給難倒了。「在準備書面版本時，」蓋爾曼後來寫道，「很不幸的是，我們對先前提到的懷疑深感困擾，我們只好退回去處理技術問題。」[11]

　　他們之所以失去勇氣，原因並不難理解。如果有顏色的夸克真的總是禁閉在「白色」的重子和介子裡，那麼它們的分數電荷和色荷永遠不能觀測到，所有相關的推測便有了可議之處，夸克的這些特性或許根本毫無根據。

　　現在理論學家只差一步就集大成了，以 SU(3)×SU(2)×U(1) 對稱為基礎的量子場論集合（也就是後來為人所知的「標準模型」）近在咫尺，將提供實驗粒子物理學家接下來三十年的理論舞台。這次的猶豫，只不過是跳水前的深呼吸。

　　事實上，透過牽涉到電子和質子的高能碰撞實驗，夸克吊人胃口的存在證據在幾年前便浮現了。加州史丹佛直線加速器中心的實驗結果強烈暗示，質子是由點狀的成分所組成的。

　　但這些點狀成分究竟是不是夸克，這點還不清楚。更叫人困惑的是，實驗結果同時也顯示，這些成分根本不是緊緊地固定在質子裡，它們在宿主內部彷彿可以四處自由漫步，絲毫不受拘束。這種行為要怎麼和夸克被「禁閉」的想法並存呢？

　　理論學家的工作到此幾乎已經完成，標準模型就要到位。是時候輪到實驗學家上場了。

第二部

發現

第六章
捉摸不定的中性流

質子和中子的內部結構曝光；預測的弱核力中性
流找到了，但卻得而復失，然後又失而復得。

宇宙射線會產生粒子碰撞，其中有些碰撞的能量是至今觀
測到的最高紀錄，遠非今日的粒子對撞機所能企及。*但是，
這些射線的來源神祕難解，觸發事件牽涉到的粒子和能量仍然
未知。成功的宇宙射線實驗仰賴偶然偵測到的新粒子和新過
程，而像這樣的偵測往往難以重現。

儘管宇宙射線實驗在三〇年代到五〇年代早期這二十年
間，發現了正子、緲子、π 介子和 K 介子，進一步的粒子物
理進展還是得等人類製造出更強大的粒子加速器。

第一批加速器在二〇年代末期建造完成，它們是直線加速
器，藉由讓電子或質子通過直線排列的振盪電場而加速。考克

---

* 宇宙射線粒子的能量通常介於 10 MeV 到 10 GeV（一千萬到
一百億電子伏特）之間，但是在非常偶然的情況下，也曾經記錄
到難以置信的高能。一九九一年十月十五日，猶他州觀測到一
個宇宙射線粒子，其能量大約為 3,000,000 TeV（三億兆電子伏
特）。這個粒子被稱作「我的天啊粒子」，一般認為是一個加速
到相當接近光速的質子。

饒夫和沃爾頓在一九三二年使用其中一座加速器，以高速質子轟擊靜止標靶，使標靶的原子核發生變化，這是史上首次人為誘發的核反應。*

　　美國物理學家勞倫斯在一九二九年發明了另一種加速器，他使用磁鐵限制質子束以螺旋方式前進，同時利用交替電場逐步提高質子的速度。他稱之為**迴旋加速器**。

　　勞倫斯懷抱雄心壯志，也是個很能吸引大眾目光的人，他接下來打造了一系列愈來愈大的機器，於一九三九年達到顛峰，他設計的超級迴旋加速器裡面有重達兩千公噸的磁鐵。勞倫斯估算這將能提供質子一億電子伏特的能量，達到質子穿透原子核所需的能量門檻。他還找上洛克菲勒基金會尋求支援。有次他打網球打到一半，忽然接到通知，他剛獲頒那一年（一九三九年）的諾貝爾物理獎，他的「推銷」在這一刻得到了強大的背書。

　　隨著戰爭爆發，勞倫斯的迴旋加速器轉而用來解決分離大量鈾 235 的問題，以製造後來扔在廣島的那顆原子彈。設置在田納西州東部橡樹嶺的電磁同位素分離設備 Y-12，就是根據勞倫斯的迴旋加速器設計而成。†

　　Y-12 所使用的磁鐵有將近八十公尺長，重量在三千到一萬公噸之間。建造這些磁鐵耗盡了美國的銅礦供應量，美國財政部必須借給研發原子彈的曼哈頓計畫一萬五千公噸的銀，才能完成線圈。磁鐵所需要的電力相當於一座大型城市，磁力之強大，工作人員可以感受到鞋底鐵釘受磁鐵吸引的拉力，靠得太近的女性偶爾會失去她們的髮夾。管線從牆上拉出。美國政

府僱用了一萬三千名員工，這座工廠在一九四三年十一月開始
運作。

　　這是後來為人所知的「大科學」的第一個案例。

　　迴旋加速器採用固定的磁場強度和定頻電場，所以能產生
的粒子能量有先天上的限制，大約是 1000 MeV（十億電子伏
特）。若要得到更高的能量，就必須將粒子束沿著圓形軌跡加
速，電場和磁場也要同步變動。像這樣的**同步加速器**早期的例
子包括貝法加速器（一九五〇年於加州柏克萊放射實驗室建
造，能量規模為 6.3 GeV，相當於六十三億電子伏特）和宇宙
級加速器（一九五三年於紐約布魯克黑文國家實驗室建造，能
量規模為 3.3 GeV，相當於三十三億電子伏特）。

　　其他國家也開始加入行動。一九五四年九月二十九日，
十一個西歐國家共同批准公約，建立歐洲核子研究委員會
（CERN）。‡三年後，蘇聯在莫斯科北邊一百二十公里的杜
布納聯合原子核研究所，落成了一座能量規模達 10 GeV 的質
子同步加速器；CERN 隨即在一九五九年，也於日內瓦建造了
一座質子同步加速器，能量規模達 26 GeV。

　　隨著科技優勢戰爭在六〇年代的冷戰中達到白熱化，美國
投注在高能物理的資金也大幅增加。布魯克黑文國家實驗室在

──────────

＊據報為「分裂原子」實驗，這是相當不精確的一種說法。

† 電磁分離不是美國唯一使用的技術，橡樹嶺還設置有一座巨大的
　氣體擴散工廠（K-25）和一座熱擴散工廠。

‡ 臨時委員會解散後，CERN 便重新命名為「歐洲核子研究組
　織」。不過由於新名字的縮寫不如「CERN」好念，所以原來的
　縮寫還是延用了下來。

一九六〇年建立了一座交變梯度同步加速器，運作效能達 33 GeV。粒子物理學的未來發展似乎明顯掌握在同步加速器的設計者手中，他們將科技往愈來愈強大的碰撞能量推進。

所以，當花費一億一千四百萬、能量達 20 GeV 的**直線**電子加速器於一九六二年在加州史丹佛大學動工時，許多粒子物理學家都不太在意，把它當成一部只能進行二流實驗的不重要機器。

但是有些物理學家看出，著重在更高能量的強子碰撞其實幫助不大。同步加速器的用途是加速質子，然後轟擊包括其他質子在內的靜止標靶，如同費曼所述，質子和質子碰撞「……就像是把兩個懷錶一起砸爛，以看出它們是怎麼組裝起來的。」[1]

史丹佛直線加速器中心（SLAC）占地超過一百六十萬平方公尺，建造在舊金山以南六十公里的史丹佛大學校園裡，它的電子束能量在一九六七年首次達到設計的 20 GeV。這座三公里長的加速器是直線式的，而不是圓形，因為如果使用強大磁場將電子束彎曲成圓形，將使得大量能量以 X 射線同步輻射的形式逸失。

當電子撞擊質子，結果可能產生三種不同的交互作用。電子可能會相對無害地從質子身上彈開，彼此交換一個虛光子，電子的速度和方向因而改變，但是兩個粒子都完好如初。這種所謂的「彈性」散射會產生具有較高散射能量的電子，其能量會集中在峰值處。

第二種交互作用，電子和質子碰撞後，可能會交換一個虛

光子，將質子「踢」進高一階的激發能態，散射的電子則帶著較少能量離開。如果將電子碰撞後的散射能量繪製成圖，圖上會呈現一系列峰形（或「共振」），對應到質子的不同激發態。這種散射是「非彈性」的，雖然電子和質子在交互作用後都完好無缺，但可能會製造出新粒子（如 π 介子）。碰撞以及交換虛光子的能量被用來製造新粒子。

第三種交互作用稱為「深度非彈性」散射，在這種情況下，電子和交換虛光子的能量大部分用於完全摧毀質子，噴灑出不同種類的強子，散射的電子則帶著相當少的能量往回彈。

一九六七年九月，史丹佛直線加速器中心開始使用液態氫標靶，研究相對小角度的深度非彈性散射。進行實驗的小組包括麻省理工物理學家弗里德曼和肯德爾，以及加拿大出生的加速器中心物理學家泰勒（與楊振寧的指導教授泰勒不同人）。

他們專注在稱之為「結構函數」的行為上，也就是用來表達初始電子能量和散射後的電子能量兩者之間差值的函數。不論是電子在碰撞中失去的能量，或是在交互作用中被交換的虛光子的能量，都與這個差值有所關聯。他們看見當虛光子的能量增加，結構函數便會顯示特定的峰形，可以被對應到預期中的質子共振；然而若能量繼續增強，這些峰形便會讓位給一片廣闊、平坦的高原，高度緩緩下降，並延伸進入深度非彈性撞擊的能量範圍。

相當奇怪的是，函數的形狀似乎和初始電子能量幾乎無關，這些實驗學家並不知道原因。

但是美國理論學家畢約肯知道。畢約肯於一九五九年在史

丹佛大學取得博士學位，他在哥本哈根的波耳研究所任職一段時間後，再次回到加州。就在史丹佛直線加速器中心建造完成前夕，他發展出一套以量子場論為基礎、非常深奧的方法，用來預測電子－質子碰撞下的產物。

在他的模型裡，關於質子，可能有兩種截然不同的思考方式。質子可以被視為一個實體的「球」，質量和電荷平均分布其中，或者可以視之為一個範圍，裡頭大部分都是空洞空間，包含幾個不相連的點狀帶電成分，很像一九一一年的原子模型所顯示的那樣，空洞空間裡有著細小、帶正電的原子核。

這兩種對質子結構大相逕庭的思考方式，會產生天壤之別的散射結果。畢約肯知道，具有足夠能量的電子能夠穿透「合成」質子的內部，和裡頭的點狀帶電成分碰撞。在深度非彈性碰撞的能量範圍裡，會有更多電子以很大的角度散射，使得結構函數的行為模式與實驗相符合。

畢約肯裹足不前，沒有宣稱這些點狀成分可能就是夸克。夸克模型依然在物理界被嘲笑，同時還有其他比較受到關注的替代理論。就連在麻省理工和史丹佛直線加速器中心組成的小團隊裡，物理學家也對這些資料的解釋爆發了爭辯。也就是因為如此，物理學家並不急著宣布實驗結果就是夸克存在的證據。

然後這件事便沉寂了十個月。

一九六八年八月，費曼造訪了史丹佛直線加速器中心。在研究弱核力和量子重力的相關問題之後，他決定把注意力轉回高能物理。他的姊姊瓊安住在加速器中心附近，費曼在拜訪她

的期間，沒有放過機會過去「四處窺探」，看看這個領域正在發生的事。

他聽說了麻省理工和加速器中心共組的小組在研究深度非彈性散射，第二輪的實驗就要開始了，物理學家卻仍然找不到對前一年的實驗資料的解釋。

畢約肯出城去了，但是他的新任博士後研究助理帕斯苟斯把結構函數的行為模式告訴了費曼，請教他有何看法。費曼看到實驗資料後，他說：「我這輩子都在尋找像這樣的實驗，因為它可以測試強核力的場論！」[2] 當天晚上，他就在旅館房間裡解決了這個問題。

他相信麻省理工和加速器中心的物理學家所看見的實驗結果，和質子內部那些點狀成分的動量分布有關。費曼將這些組成成分稱作「成子」（partons，組成質子的分子之意），以避免和任何描述質子內部結構的特定模型混淆。*

「我有個東西一定要讓你們看看。」第二天早上，費曼告訴弗里德曼和肯德爾：「昨天晚上，我在旅館房間裡全部搞懂了！」[3] 畢約肯其實已經得到和費曼類似的結論，但是費曼拔得頭籌，而且他又一次以更淺顯、更豐富、更視覺化的方式解釋了相關物理。一九六八年十月，費曼回到史丹佛直線加速器中心講授成子模型，結果有如星火燎原。沒什麼比諾貝爾獎得主的熱切倡議能帶給人更大的信心。

---

* 蓋爾曼對此不以為然，因此謔稱之為「不成子」。事實上，「成子」的確不只是夸克，而是同時包含了夸克，以及在夸克之間傳遞色力的膠子。

　　成子就是夸克嗎？費曼不知道，也不在乎，但是畢約肯和帕斯苟斯很快就建構出以三個夸克為基礎的成子模型。

　　史丹佛直線加速器中心進一步研究電子對中子的深度非彈性散射，再加上 CERN 也在進行中子對質子的散射實驗，兩邊都提供了更多的支持證據。到了一九七三年的年中，夸克終於正式「大駕光臨」。或許夸克曾經被半開玩笑地稱為「自然界的怪癖」，但現在踏出了決定性的一步，許多物理學家已經接受夸克是強子的真實組成成分了。

　　還有些重要的問題懸而未決。只有假設夸克在質子或中子內部自由移動，且彼此間沒有任何關係，結構函數的形狀才能得到正確的解釋。還有，如果有攜帶 20 GeV 能量的電子撞上夸克，會造成標靶的核子宿主崩解毀滅，那為什麼這樣的撞擊不會釋放出獨立的夸克呢？

　　這全都說不通。強核力將夸克緊緊束縛在核子內，如果這股力量強到使夸克永遠「禁閉」在一起，絕不可能被觀察到，那它們又如何能在核子內移動得如此自由自在？

　　到了一九七一年末，完備的電弱交互作用量子場論已經完成了，理論學家的信心與日俱增。電磁力和弱核力原本是統一的電弱力，應用了希格斯機制的對稱破裂能夠解釋兩者為何不同。對稱破裂讓光子維持零質量，同時賦予質量給媒介弱核力的粒子，而弱核力的存在需要兩種帶電（W^+ 和 W^-）及一種電中性（Z^0）的載力粒子。如果 Z^0 粒子確實存在，那麼牽涉到交換 Z^0 粒子的交互作用應該預期會出現弱中性流現象。

如果理論正確，K 介子也被預期會顯示出弱中性流，其中還會牽涉到奇異性的改變。像這種改變奇異性的中性流實際上卻觀測不到，實在頗為尷尬，但現在可以透過 GIM 機制（格拉肖－李爾普羅斯－馬伊阿尼機制）和第四種夸克（魅夸克）的存在來解釋了。

理論學家將注意力轉向其他和奇異性變化無關的弱中性流來源，他們開始催促實驗學家找尋這些弱中性流的蹤跡。最佳候選事件似乎和緲子微中子（ν_μ）跟核子（質子及中子）間的交互作用有關，舉例來說，緲子微中子和中子碰撞後，交換的虛 W⁻ 粒子會將緲子微中子轉變成負緲子（μ^-），中子則轉變成質子，這是載荷流（charged current）；交換虛 Z⁰ 粒子會讓緲子微中子和中子都完好如初，這則是中性流（見圖 16）。如果兩種過程都會發生，那麼就能由撞擊核子後散射的緲子微中子找到弱中性流的證據，只要尋找沒有製造出緲子的事件就行了。溫伯格估算每發生一百次載荷流事件，就應該有介於十四到三十三次中性流事件。

問題在於微中子是一種極輕的中性粒子，不會在粒子探測器裡留下蹤跡。當**帶電**粒子通過，探測器材質原子裡的電子會受到電力影響，留下一條帶電離子的路徑，探測器便是透過這條路徑探測到帶電粒子的行蹤。第一座這類型的探測器是由蘇格蘭物理學家威爾森於一九一一年發明，在他的「雲霧室」裡，粒子經過後，水蒸氣會凝結在其留下的離子路徑四周，藉此能夠看見粒子的軌跡。

五○年代初期，雲霧室被美國物理學家格拉澤所發明的氣

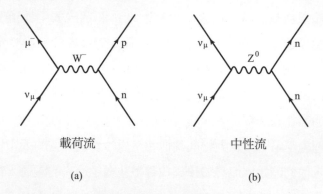

載荷流 (a)

中性流 (b)

圖 16 (a) 中子與緲子微中子碰撞，交換一個虛 W⁻ 粒子，使得中子轉變成質子，微中子轉變成緲子。這就是載荷「流」。然而，同樣的碰撞也可能牽涉到虛 Z⁰ 粒子的交換，見圖 (b)。所有粒子都維持原來的身分，也沒有製造出緲子，而這個「無緲子」事件就是中性流。

泡室取代，不過它們的運作原理很類似，氣泡室裡充滿接近沸點的液體，通過液體的帶電粒子一樣會留下一條離子路徑，路徑上的液體由於壓力降低，液體便會沸騰，沿著離子路徑形成一連串沸騰的氣泡，粒子的軌跡也就看得見了。軌跡可以先拍照記錄下來，然後再對氣泡室加壓，阻止液體繼續沸騰。

　　氣泡室的優點在於，裡頭的液體也可以當作加速器的粒子標靶。大多數的氣泡室使用液態氫，但是像丙烷和氟利昂（用在老式冰箱裡的液體）等較重的液體也可以。

　　溫伯格在尋找的「無緲子」事件只有一個特徵，就是探測器裡會忽然憑空出現一團霧狀的強子，但是有很多更一般的解釋可以說明像這樣的謎樣強子霧。比如說，緲子微中子有可能

撞上探測器牆面的原子，把游離的中子「敲掉」，這些中子接下來便會在探測器裡隨機產生強子；也有些發生在探測器「上游」的事件會製造出中子，中子再製造出強子。尤有甚者，如果載荷流事件裡產生的緲子以大角度反衝散射，那麼這個緲子就很有可能完全無法被偵測而消失無蹤，像這些背景事件很容易會被誤認成無緲子事件，因而誤判為弱中性流。

對這種搜尋過程牽涉到的難處，實驗學家都極為小心翼翼。CERN 的物理學家於一九六八年列出一份實驗首要目標的清單，W 粒子高居首位，但弱中性流屈居第八。「事實上在一九七三年之前，弱中性流一直缺乏堅實的支持證據，而且還有一大堆不利於它的證據。」牛津大學物理學家珀金斯這麼寫道。[4]

無論如何，到了一九七二年的春天，理論物理已經有了許多進展，弱中性流因而被推上榜首，物理學家開始認為有可能得到一個確切的答案。

大型的跨國合作案蓬勃發展，由 CERN 的物理學家繆塞、來自法國奧塞加速器實驗室的拉加爾里居厄，以及珀金斯等人領頭。珀金斯利用世上最大的重液氣泡室「卡岡梅爾」參與研究，卡岡梅爾氣泡室是由法國原子能委員會資助，於法國打造，在一九七〇年和 26 GeV 的質子加速器一起安裝於 CERN。＊卡岡梅爾氣泡室花了六年的時間打造，專門設計來研究和微中子有關的碰撞。

───────────

＊氣泡室以巨人卡岡都亞的母親命名，出自十六世紀法國文藝復興作家拉伯雷的小說《巨人傳》。

卡岡梅爾氣泡室運作了將近一年，拋出一大堆無緲子事件，這些事件以往被視為游離中子所製造的背景「噪音」，但實驗學家這時開始以新的眼光看待它們。

如何分辨無緲子事件是真正來自弱中性流，而不是因為背景中子、大角度緲子散射或誤判，是最大的挑戰所在。這是個痛苦又吃力不討好的任務，但是到了一九七二年末，參與卡岡梅爾合作團隊的許多物理學家（包括來自七個歐洲實驗室的多位物理學家，以及美國、日本和俄國的客座學者）相信他們真的發現了什麼，只是合作團隊內部的意見有點分歧。他們的意見之所以分歧，並不是因為弱中性流的真實性與否，而是因為他們對目前蒐集到的證據是否足以令人信服這一點，還無法取得共識。

同一時間，美國也開始了第二輪搜尋。世上最大的質子同步加速器已經在芝加哥的國家加速器實驗室（NAL）＊建造完成，其運轉能量於一九七二年三月達到設計的 200 GeV。參與者有哈佛大學的義大利物理學家魯比亞、賓州大學的曼恩以及威斯康辛大學的克萊，他們透過同步加速器所產生的緲子微中子束尋找無緲子事件。CERN 團隊的進度領先，但是他們的初步報告尚無定論；另一方面，魯比亞胸懷大志，決心要拔得頭籌。

尋找無緲子事件很容易，但要證明事件來自弱中性流，那就難了。當繆塞於一九七三年年初發表了更進一步的初步資料，沒有人大張旗鼓，也沒有人宣稱已經發現了他們一直在追尋的目標。

　　國家加速器實驗室的團隊有個優勢，讓他們有機會迎頭趕上。那就是，他們的同步加速器更強大，可以在較短的時間內創造出較多緲子微中子的散射事件，他們的探測器也提供了比卡岡梅爾氣泡室更大的標靶質量，所以探測到散射事件的機會就大大增加了。這些因素有助於減低背景中子的影響，但是對於以大角度「逃逸無蹤」的散射緲子，他們還是束手無策。魯比亞和他在哈佛的團隊使用電腦模擬程式，計算散射緲子的發生比率，再將實驗測量的無緲子事件減去估算出來的散射緲子事件，就這樣得到真正的無緲子事件數量。

　　這是個不高明的妥協辦法，曼恩和克萊都深感懷疑。魯比亞得知 CERN 的物理學家找到的證據漸趨完備，使他相當著急。[†]曼恩和克萊非常清楚，在這樣的壓力下，物理學家很容易自我欺騙，說服自己相信根本不存在的證據。他們勸魯比亞必須小心謹慎。

　　國家加速器實驗室的研究進展在一九七三年七月傳到了 CERN，魯比亞寫信給拉加爾里居厄，宣稱他們已經累計了「約略一百次明確的（中性流）事件」[5]，他建議 CERN 團隊將他們的發現同時公諸於世，拉加爾里居厄很有禮貌地婉拒

＊ 一九七四年重新命名為費米實驗室（Fermilab）。

† 與此同時，CERN 的物理學家也在卡岡梅爾較舊的照片紀錄裡，找到了一次弱中性流的「黃金」事件。那次事件牽涉到反緲子微中子和電子的交互作用，是一種極為罕見的過程，但不會受到背景污染。這是無可置疑的鐵證，但是只出現在那麼一張照片上，後來他們搜尋了將近一百五十萬筆照片紀錄，也只找到三起這種事件。

了。CERN 的物理學家已經在緲子微中子和核子的撞擊之中，辨識出真正的無緲子事件，而且還估算出中性流相對於載荷流的發生比率為 0.21；至於牽涉到反緲子微中子的碰撞，比率則是 0.45。CERN 的物理學家現在可以聲稱弱中性流終於被發現了，他們投稿了一篇論文到「物理快報」期刊，於當年九月發表。

國家加速器實驗室的團隊也發現，如果將牽涉到緲子微中子和其反粒子（反緲子微中子）的碰撞都考慮進來，中性流相對載荷流的綜合比率為 0.29，與 CERN 的實驗結果相當吻合。*

在這個緊要關頭，魯比亞的簽證竟然過期了，儘管頂著哈佛大學的教授頭銜，他還是受到驅逐出境的威脅。他前往位於波士頓的美國移民局辦公室參加上訴聽證會，卻在聽證會中脾氣失控，二十四小時內就被送上了飛離美國的飛機。

這下團隊裡少了魯比亞，國家加速器實驗室的合作夥伴開始走回頭路。他們在當年八月投了論文到「物理評論快報」期刊，但由於沒有妥善處理如何消除誤判無緲子事件的問題，因而遭到同儕審查員退稿。克萊和曼恩決定重新建造他們的探測器，無論如何都要解決這個問題。

真正的無緲子事件馬上就消失了，中性流對載荷流的比率也掉到 0.05。國家加速器實驗室的物理學家開始認為，他們被

---

* 在國家加速器實驗室的實驗裡，緲子微中子與反緲子微中子的數量比為 2：1，所以將 CERN 求得的比率進行加權平均後，得到的就是 0.29。

先前的實驗結果誤導了。

　　魯比亞在 CERN 也是個要角，他決定搞點破壞，於是勸告 CERN 總幹事揚斯克，說卡岡梅爾合作團隊犯下了大錯。面對這位聲望卓越的美國競爭對手，CERN 還是矮人一截，而且 CERN 的國際名聲也因為之前的錯誤而有所減損。許多歐洲物理學家傾向於相信卡岡梅爾的實驗結果必定有誤，CERN 的一位資深物理學家還拿出酒窖的半數收藏當作賭注，押卡岡梅爾出錯。揚斯克深恐 CERN 的名聲又要遭受另一次打擊，於是召集卡岡梅爾的物理學家開會，看來他想要好好調查一番。

　　雖然卡岡梅爾的物理學家受到波及，但他們的態度相當堅定，選擇支持自己做出的結論。珀金斯在電梯裡遇到了揚斯克，他向揚斯克拍胸脯保證。「我知道團隊已經對許多事件重複進行過許多次分析，而且我們幾乎花了一整年的時間，深入探查這些觀測到的效應是否可能有別的解釋，但一無所獲。」珀金斯這麼解釋道。「所以我認為，實驗結果是牢不可破的，揚斯克應該別理會來自大西洋彼岸的謠言。我不知道我說的話能否消除他的疑慮，但是當他走出電梯時，臉上掛著微笑。」[6]

　　魯比亞在十一月初回到國家加速器實驗室，他和那裡的物理學家開始草擬一份大相逕庭的論文，與 CERN 最近的報告以及電弱理論的預測相反，他們宣稱弱中性流未被發現。

　　接下來是一次相當尷尬的**變卦**。到了一九七三年的十二月中，國家加速器實驗室的物理學家意識到，他們的探測器把潛

伏在微中子碰撞事件裡的 π 介子誤認成緲子，所以使得無緲子事件的次數被低估了。這下弱中性流捲土重來，克萊這時只得承認「這使得實驗結果出現截然不同的可能性，實驗數據裡找到比原本多了十個百分比的無緲子訊號」[7]，他找不到讓這些事件消失不見的辦法。國家加速器實驗室決定將他們最初的論文妥適修改後重新投稿，於一九七四年四月在「物理評論快報」上發表。

物理界有一些人戲稱此事為「中性交流」的發現，因為結果像交流電一樣變來變去。

到了一九七四年年中，其他的實驗室也驗證了實驗結果，至此結論已經相當清楚，弱中性流現在被公認可以透過實驗證明了。

但是這項發現的弦外之音具有更重大的意義，弱中性流暗示了存在有媒介弱核力的「重光子」，而且如果在奇異粒子的衰變過程裡找不到中性流，那麼一定是因為受到 GIM 機制的壓抑。

換句話說，第四種夸克必然存在。

第七章
非 W 粒子莫屬

量子色動力學方程式問世；發現魅夸克；W 粒
子和 Z 粒子找到了，而且就在預期的地方，分毫
不差。

　　如今拼圖的碎片都就位了。史丹佛直線加速器中心透過
深度非彈性散射實驗，發現核子內部有點狀的粒子在自由移
動，現在我們知道這根本就不是什麼謎團，只不過是強核力的
必然結果罷了，因為強核力的行為模式相當違反直覺。

　　當我們想像兩個粒子之間的交互作用力的性質，我們很容
易想到像重力或電磁力之類的例子，也就是說，粒子靠得愈
近，力就愈強，*但強核力的行為模式可不是這樣。強核力表
現出所謂的「**漸近自由**」（asymptotic freedom）性質，若兩個
相鄰夸克距離很近，在漸近的極限之內，粒子不會感受到力的
作用，所以完全「無拘無束」；然而，若它們之間的距離超出
了核子的邊界，強核力就會變強，將它們牢牢抓住。

＊回想童年玩磁鐵的經驗，把兩根棒狀磁鐵的 N 極互相靠近，將
　它們推得愈靠近，你感受到的斥力就愈強。

154

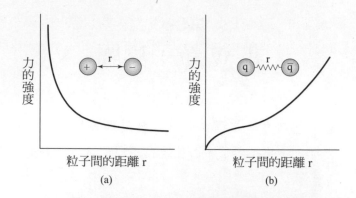

圖 17 (a) 兩個帶電粒子之間的電磁吸引力隨著彼此靠近而增強，但是將夸克束縛在強子內部的色力有截然不同的行為模式，見圖 (b)。舉例來說，夸克和反夸克在很近的距離內可以視為是零距離，此時兩者之間的力為零；而夸克與反夸克離得愈遠，力就愈強。

　　夸克就像是被繫在強力橡皮筋的末端，當夸克在核子內靠得很近，橡皮筋是鬆弛的，所以夸克之間只受到很小的力，或根本不受力；只有當我們試著把夸克拉開，橡皮筋因而繃緊時，夸克之間才會感受到力的作用（見圖 17）。

　　普林斯頓的理論學家格羅斯在一九七二年的年底指出，漸近自由不可能相容於量子場論，但是在他的學生韋爾切克的協助下，格羅斯最後卻證明了完全相反的論點：基於區域規範對稱的量子場論**可以**容納漸近自由。一位名叫波利策的年輕哈佛研究生也獨立做出同樣的發現，他們的論文接連發表在一九七三年六月的《物理評論快報》上。*

　　蓋爾曼帶著格羅斯－韋爾切克和波利策的論文，在同年六

月再次隱居到阿斯本中心。來自伯恩大學的瑞士理論學家路特威特這時正在加州理工學院進修，他和弗里奇加入了蓋爾曼的研究行列，他們一起發展出一套楊－米爾斯量子場論，這個理論包含了三種色的夸克，和八種色的零質量膠子。[†]為了容納漸近自由，膠子現在**必須**媒介色荷。沒有必要用到希格斯機制之類的把戲。

　　新理論需要個名字。蓋爾曼和弗里奇在一九七三年時稱之為「量子強子動力學」，但是到了隔年夏天，蓋爾曼認為他想到了一個更好的名字。「那是在第二年夏天的阿斯本，我替這理論發明了『量子色動力學』（quantum chromodynamics, QCD）這個名字，而且我想說服斐傑斯等人也這樣改稱。」[1]

　　在單一的 SU(3)×SU(2)×U(1) 結構底下，一個包含了強核力和電弱力的綜合理論似乎終於唾手可得。

　　雖然漸近自由可以解釋為什麼夸克在強子內部只有微弱的交互作用，但它並不能解釋夸克為何受到禁閉。物理學家推導出眾多別具一格的模型，其中一種模型想像夸克在彼此分離

＊事實上，特胡夫特早就做出結論，楊－米爾斯規範理論可以顯現出像這種違反直覺的行為，但是他忙著研究重整化，沒有跟上這部分的進展。

† 零質量膠子？海森堡和湯川秀樹明明就主張媒介強核力的粒子一定又大又重，這是怎麼回事？如果強核力像重力或電磁力，那麼海森堡和湯川秀樹的主張便是必要的條件，但強核力的行為模式並非如此，具有漸近自由的色力可以相當愉快地被零質量粒子帶著走。但膠子就和夸克一樣，也被禁閉在強子裡頭，所以並不像光子那樣隨處可見。

時，圍繞著夸克的膠子場會形成許多細窄的管子，或者稱之為色荷的「弦」。當夸克受力分開，一開始弦會先繃緊，然後延展開來，隨著夸克愈離愈遠，抗拒進一步延展的力量就愈來愈強。

弦終究會被扯斷，但是這時的能量已經足夠在真空中自發性地產生夸克－反夸克對。所以，舉例來說，將夸克從核子內部拉出來，一定會製造出一個反夸克，而且這個反夸克會瞬間和夸克結合，構成一個介子，核子裡也會出現另一個夸克取代原本的位置。最終結果就是，分離夸克的能量被用來自發製造介子，而且不可能觀察到任何孤伶伶的夸克。夸克並不是永遠受到禁閉，但是身邊絕對有伴。*

以能量的角度來看，獨立存在（或「光溜溜」）的色荷需要相當龐大的能量成本，理論上，單一而獨立的夸克需要無限大的能量。為了遮蔽色荷，虛膠子會快速積聚成一層夸克的遮罩，能量也隨之增強。相較之下，無論是藉由結合同色的反夸克，抑或結合兩個皆不同色的夸克來遮蔽色荷，所耗費的能量都微不足道，而且這麼一來，淨色荷為零，最後宿主粒子就是「白色」的。

但無論如何，夸克荷無法完全受到遮蔽，若想完全遮蔽夸克荷，我們得想個辦法把夸克一個接一個疊起來才行，但是夸克就像電子，一樣是量子粒子，除了具有粒子的特性，也有波的特性。根據海森堡測不準原理，以這樣的方式來確定夸克位置，將會使得夸克的動量具無限不確定性，也就暗示了無限大動量的可能性，而這同樣需要極龐大的能量。

　　自然界對此做出了妥協。雖然色荷無法完全被遮蔽，但是在其相關聯的膠子場裡所展現的能量，倒可以被削減成可處理的分量。這個能量還是很大，結果顯示上夸克和下夸克的（猜測）質量相當小，分別介於 1.5 MeV（一百五十萬電子伏特）到 3.3 MeV，以及 3.5 MeV 到 6.0 MeV 之間。[†] 經測量得知，質子的質量是 938 MeV，中子大約是 940 MeV，兩個上夸克和一個下夸克合起來的質量大概介於 4.5–9.9 MeV，那麼質子其餘的質量從何而來？原來是來自質子內部的膠子場**能量**。

　　「物體的慣性與其所含能量有關嗎？」愛因斯坦於一九〇五年這麼問。答案揭曉：是的，質子和中子大約百分之九十九的質量，其實是將夸克束縛在一起的零質量膠子的能量。「質量，看似是一種無法縮減的物質特性，也是抗拒改變和遲緩的代名詞，」韋爾切克寫道，「但卻反映了對稱性、不確定性和能量的和諧相互作用。」[2]

　　一九七四年八月，格拉肖造訪布魯克黑文國家實驗室，再一次力勸實驗學家尋找魅夸克。美國物理學家丁肇中把格拉肖的話聽了進去，他當時正準備使用 30 GeV（三百億電子伏特）

＊ 這真是個色彩繽紛的類比（我不是有意要說雙關語），但終究還是純屬推測。時至今日，夸克的禁閉現象仍然是量子色動力學裡有待解決的問題。

† 這裡列出的夸克質量出自阿姆斯勒等人，刊載於期刊《物理快報 B》第六六七期（二〇〇八年出刊）第一頁。

的交變梯度同步加速器（AGS），研究高能質子碰撞，並且在碰撞產生的混亂強子之中，仔細觀察出現的電子－正子對。

實驗資料顯示，電子－正子對積聚在大約 3 GeV（三十億電子伏特）的狹窄「共振」區裡，實驗學家並不確定該如何解釋。他們排除了明顯的錯誤來源，再次檢查分析報告，但結果並無不同，峰值仍然頑強地固定在 3.1 GeV，而且一樣狹窄。他們開始猜測這也許是新的物理現象。

丁肇中對此相當謹慎，他以善於揭露其他物理學家實驗裡的錯誤而出名，他並不希望自己也受到同樣的對待。他力排眾議，決定在有機會再次確認資料之前，先不公開實驗結果。

同一時間在美國西岸，史丹佛大學的物理學家施韋特斯腦中有個問題。一九七三年年中，用以碰撞加速電子和正子的「史丹佛正負電子非對稱環」（SPEAR，取首字母，暱稱為「長矛」）於史丹佛直線加速器中心開始運轉，施韋特斯發現分析長矛實驗數據的電腦程式有個錯誤，等他修正了錯誤，重新分析一九七四年六月產出的實驗數據，結果暗示有某種結構存在，3.1 和 4.2 GeV 之處有一些小凸塊。專案的主持人是美國物理學家里克特，他最後被說服重新配置長矛，將碰撞能量設定在約略 3.1 GeV，這樣他們就可以再進行一次實驗，再多看一眼。

到了一九七四年十一月，事態明朗了，布魯克黑文的丁肇中團隊和加速器中心的施韋特斯團隊都發現了同一個新粒子，是一個由魅夸克和反魅夸克組成的介子。丁肇中的團隊決定叫它「J 粒子」，施韋特斯的團隊則稱之為「ψ」。這次的

聯合發現在日後被稱作「十一月革命」。

後來物理學界在決定哪一方是優先發現者時遇上了一點問題，因為兩個團隊都不願意承認優先權，也都使用對方的命名來稱呼這個新粒子。直到今日，這個粒子仍然被稱作「J/ψ 介子」。丁肇中和施韋特斯因此共享了一九七六年的諾貝爾物理獎。

J/ψ 介子的發現是理論及實驗物理學的一次勝利，同時也整理了基本粒子的結構，成為後來快速發展成粒子物理學的「標準模型」之基礎。

現在我們有「兩代」的基本粒子了，每一代都包括兩個輕子和兩個夸克，以及負責於其間媒介力的粒子。電子、電子微中子、上夸克和下夸克組成第一代，緲子、緲子微中子、奇夸克和魅夸克組成第二代，首要差異在於它們的質量。光子媒介電磁力，W 粒子和 Z 粒子媒介弱核力，八種顏色的膠子則在有色的夸克之間媒介強核力或是色力。

到了一九七七年春天，大量證據顯示還有一個稱作「τ 輕子」的重量級電子存在，這可不是物理學家想要聽到的消息。

有 τ 輕子就一定有 τ 微中子，而且無可避免的是，輕子和夸克其實有三代的猜測甚囂塵上。一九七七年八月，美國物理學家萊德曼在費米實驗室發現了 ϒ 介子，組成成分是當時已有理論預測的底夸克（bottom quark）及其反夸克。底夸克的質量大約為 4.2 GeV，帶 $-\frac{1}{3}$ 電荷，它是下夸克和奇夸克質

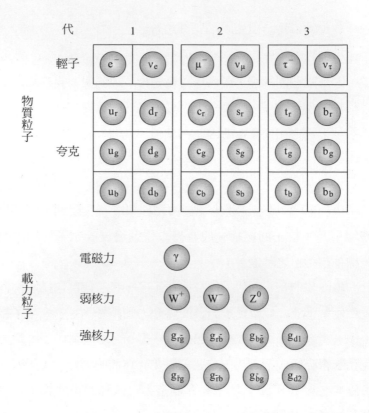

圖 18 粒子物理學的標準模型，描述三代物質粒子透過三種力進行的交互作用。這三種力藉由一系列的場粒子（或「媒介子」）傳遞。

量更大的第三代版本。一般認為，第三代粒子最後一個成員——頂夸克（top quark）的質量更大，而且只要能打造出能量夠強大的對撞機，很快就可以發現它。

雖然第三代輕子和夸克出現得有點驚喜，但它們已經可以立即納入標準模型（見圖 18）。在一九七九年八月於費米實

驗室舉行的一場座談會上，物理學家出示證據，顯示電子－正子的毀滅作用（annihilation）實驗產生了夸克和膠子的「噴流」。這種噴流是有方向性的強子噴霧，在夸克－反夸克對生成時被產生同時，具有大量能量的膠子也會被其中一個夸克「解放」出來。像這樣暴露行蹤的「三噴流事件」，是目前為止夸克和膠子存在的最有力證據。

　　頂夸克仍然遍尋不著，媒介弱核力的 W 粒子和 Z 粒子也缺乏直接證據。隨著標準模型成為新的正統學說，格拉肖、溫伯格和薩拉姆共享了一九七九年的諾貝爾物理獎，以表彰他們對電弱統一理論的貢獻。

　　到了這個時候，物理學家競相尋找剩下的粒子，填補標準理論的空缺。溫伯格在他的諾貝爾獎演講中表示，弱電理論預測 W 粒子和 Z 粒子的質量大約分別是 83 GeV 和 94 GeV。＊

　　時間回到一九七六年六月，CERN 當時已經開始運作他們的超級質子同步加速器（Super Proton Synchrotron, SPS），那是一座周長六‧九公里的質子加速器，能夠產生高達 400 GeV 的能量。在啟動的一個月前，費米實驗室的質子加速器就達到了 500 GeV 的運轉能量，超過超級質子同步加速器的能耐。但是用粒子轟擊靜止標靶會造成大量的能量浪費，因為反彈的粒子會把能量帶走，所以依這樣的設計方式，真正能夠用以製造新粒子的能量，只相當於粒子束能量的平方根那麼多而已。

＊ 如果質子質量定為 938 MeV，那麼 W 粒子和 Z 粒子的質量分別約略是質子的八十八倍和一百倍。

　　換句話說，牽涉到加速粒子的碰撞事件，即使能量達到了超級質子同步加速器或費米實驗室加速器的程度，還是只能預期會產生能量小很多的新粒子。若要企及 W 粒子和 Z 粒子的預測能量，所需要的加速器之規模，將會比任何現存的加速器還要大上非常之多。

　　不過還有另一個辦法。早在五〇年代，就已經發展出將兩束加速粒子束對撞的想法，如果加速粒子被導入兩個相連通的儲存環，而兩個環裡的粒子束朝相反的方向移動，那麼就可以來個迎頭對撞。這麼一來，加速粒子的**全部**能量就都可以用來製造新粒子了。

　　像這樣的粒子**對撞機**最早建造於七〇年代，「長矛」是個早期的例子，但它操作的是輕子（電子和正子）之間的迎頭對撞。一九七一年，CERN 的交叉碰撞儲存環打造完成，那是一座強子（質子和質子）對撞機，使用 26 GeV 的質子同步加速器作為加速質子的來源。質子會先在同步加速器裡加速，然後再導入交叉碰撞儲存環的內部，最後在裡頭對撞。然而，交叉碰撞儲存環的最高對撞能量（52 GeV）仍然達不到 W 粒子和 Z 粒子的質量。

　　一九七六年四月，CERN 召集了一個研究會，就下一個主要建造計畫「大型電子正子對撞機」（LEP）提出報告。那將是一條長達二十七公里的圓形隧道，通過日內瓦附近的瑞士和法國邊界地底，屆時電子和正子將經由超級質子同步加速器加速到接近光速，然後再注入對撞機的環裡。對撞牽涉到粒子（在這個例子裡是電子）和其反粒子（正子），它們將在同一

個環裡朝相反方向繞行。每一束粒子束的能量最初設計為 45 GeV，所以當它們迎頭對撞時，將產生 90 GeV 的碰撞能量。於是，LEP 恰好可以觸及 W 粒子和 Z 粒子的質量範圍。

美國物理學家威爾遜時任費米實驗室主任，他有個更宏偉的願景。他想打造碰撞能量達 1 TeV（一兆電子伏特）的強子對撞機，後來大家逐漸稱之為「正反質子對撞機」（Tevatron）。像這樣的對撞機，需要使用前所未見、也從未測試過的超導磁鐵來加速粒子。只不過正反質子對撞機僅止是個提案。

這就是高能粒子物理學家在一九七六年時所面臨的情況。CERN 的超級質子同步加速器可以加速粒子到 400 GeV，使其交叉碰撞儲存環的碰撞能量達到 52 GeV，卻不足以發現 W 粒子和 Z 粒子；LEP 原則上有能力找到這些粒子，但這台機器得等到一九八九年才會建造完成；費米實驗室的主環可以將粒子加速到 500 GeV，但對於尋找 W 和 Z 粒子這個任務來說仍然不夠；理論上碰撞能量可達 1 TeV 的正反質子對撞機，還只在紙上作業的階段。

物理學家才沒有耐心等待。「W 粒子和 Z 粒子的發現已經箭在弦上，」CERN 的物理學家達瑞拉特回憶道，「LEP 那漫長的設計、發展和建造時間，讓我們大多數人都很不滿意，就連那些最有耐性的人也一樣受不了。大家都期盼快速一瞥新玻色子（而且希望會是清楚乾淨的一瞥）。」[3] 至於費米實驗室的物理學家，他們的耐心也同樣快被磨光了。

大西洋兩岸的物理學家都需要想點辦法，思考如何將現有

設備的能耐發揮到極限，直到企及那至關重大的能量領域。

在六〇年代末期，出現了一個可能的解決辦法。理論上，將加速器轉變成強子對撞機是有可能的，只要製造出質子和反質子束，讓它們在加速器的環裡朝相反方向繞行，然後再讓這兩束粒子束迎頭對撞就可以了。質子和質子對撞需要兩個交叉的環，各個環裡的質子朝相反方向前進，但是質子和反質子對撞可以只在一個環裡進行，而且這麼操作所產生的碰撞能量，有可能達到加速能量最大值的兩倍。

但這可不是簡單的事。反質子是透過高能量的質子與靜止標靶（像是銅）碰撞而產生的，製造一個反質子需要一百萬次這樣的碰撞。雪上加霜的是，製造出來的反質子能量範圍很廣，廣到沒辦法容納在儲存環裡，儲存環只對其中很小部分的反質子剛好「合身」，因此大幅削減了反質子束的強度和**亮度**（luminosity，表示粒子束當中所能產生的碰撞次數）。

想要製造亮度足以進行質子－反質子對撞實驗的反質子束，必須先設法讓反質子的能量「聚集」起來，集中在我們想要的粒子束能量附近。

幸好荷蘭物理學家范德梅爾找到了辦法。范德梅爾於一九五二年從代爾夫特理工大學畢業，他在荷蘭的飛利浦電子公司工作了幾年，然後在一九五六年加入 CERN。他在 CERN 成為一位加速器理論學家，主要工作是將理論原理實際應用到粒子加速器和對撞機的設計及操作上。

范德梅爾在一九六八年使用交叉碰撞儲存環進行了幾個理

論性的實驗，但他一直到四年後才透過內部報告發表了他的發現。他之所以這麼拖拖拉拉的原因很簡單，因為他在追尋的物理學似乎有點超乎常軌。他在報告裡寫道：「這個想法在當時看來太牽強了，我找不到發表的充分理由。」[4]

他在一九六八年進行的實驗暗示了，或許有可能將反質子能量集中到相當狹窄的範圍，以容納於儲存環內。這個技術是這樣的，先使用一個「篩選」電極，若是感應到能量脫離我們期望的反質子，就送個訊號到儲存環另一端的「踢動」電極，將這些粒子輕推回隊伍裡。從「篩選」電極傳送到「踢動」電極的訊號就像牧羊人的哨音，牧羊犬聽見指示後，便會朝那些脫離群體的羊隻吠叫，把牠們趕回羊群裡，最後牧羊犬才能將羊群整齊地送進羊圈。

范德梅爾將這個技術稱作「隨機冷卻」，所謂「冷卻」並不是針對粒子束的溫度，而是粒子束裡頭那些粒子隨機的運動和能量分布。只要重複進行數百萬次，粒子束就會逐漸匯聚到我們想要的能量上。一九七四年，范德梅爾使用交叉碰撞儲存環進行了隨機冷卻的進一步測試，雖然結果並不豐厚，但足以證實的確行得通。

在此同時，魯比亞暫且放下被 CERN 的物理學家搶先發現弱中性流的失望之情。魯比亞於一九五九年在義大利比薩的師範學校取得博士學位，先在哥倫比亞大學進行緲子物理學方面的研究，然後在一九六一年加入 CERN。一九七〇年，他被任命為哈佛大學教授，之後每年都要在哈佛停留一個學期，其餘時間則回到 CERN。因為他這樣環遊世界，所以他的哈佛學

生給他取了一個綽號，叫做「義大利航空教授」。

　　魯比亞的個性固執，行事專一，胸懷雄心壯志，而且出了名的難以共事。* 他下定決心，這場尋找 W 粒子和 Z 粒子的比賽，他**絕對**不會輸。

　　一九七六年年中，魯比亞和哈佛大學的同事一起向威爾遜提議，希望能將費米實驗室那座 500 GeV 的質子同步加速器改建成質子－反質子對撞機。威爾遜婉拒了，他比較想集中力氣尋求正反質子對撞機的支持，隨機冷凝技術看來不是一蹴可幾的事，如果失敗了，那同步加速器潛在可利用的寶貴時間就浪費了。但威爾遜同意一項五十萬美元的實驗，先使用小規模機器，測試看看這個技術是否實際可行。

　　不過魯比亞決定收回他的提議，轉而找上 CERN，當時 CERN 的總幹事凡赫夫給了他比較正面的回應。到了一九七八年六月，CERN 對隨機冷凝技術的進一步試驗結果叫人士氣大振，凡赫夫準備好要賭上一把。發現新粒子多年來一直都是美國學術機構的專有成就，這次是 CERN 的大好機會，而且如果凡赫夫不同意，魯比亞大概就會回去找萊德曼（威爾遜在二月辭職後，萊德曼就接管了費米實驗室）。† 「最有可能的情況是，如果 CERN 不接受魯比亞的主意，他大概就會回頭找費米實驗室。」達瑞拉特解釋道。[5]

　　CERN 放手讓魯比亞組織一組物理學家的合作團隊，負責設計尋找 W 粒子和 Z 粒子所需的精密探測設備。由於這個設備必須建造在超級質子同步加速器上方的一個大地洞裡，這組合作團隊便被稱作「地底一區」（Underground Area, UA1）。

團隊最後共有約略一百三十位物理學家加入。

六個月後，第二組獨立的合作團隊「地底二區」（UA2）在達瑞拉特的領導下也成立了。這是一組比較小型的合作團隊，約略包含了五十位物理學家，團隊目的是為了和地底一區進行良性競爭。地底二區的探測器不必那麼精密（舉例來說，它不見得要能夠偵測緲子），但仍然要有能力對地底一區的發現提供獨立的驗證。

質子和反質子束的能量各有 270 GeV，在超級質子同步加速器裡合起來的碰撞能量就是 540 GeV，想要揭露 W 粒子和 Z 粒子，已經綽綽有餘。

好事多磨，地底一區和地底二區終於在一九八二年十月開始記錄資料。理論上只有極少數碰撞會產生 W 粒子和 Z 粒子，兩組團隊的探測器都已準備妥當，只會對預先設定好的條件下，所篩選出來的碰撞做出反應。對撞機每秒都會製造數千次碰撞，共運行兩個月，但其中能產生 W 粒子和 Z 粒子的事件，少到用手指頭就數得完。

＊關於魯比亞其人，韋爾特曼寫道：「他擔任 CERN 的主任時，三個禮拜就換一個祕書，比二次大戰的潛水艇或驅逐艦水手的平均生存時間還短⋯⋯」見韋爾特曼的著作第七十四頁。

† 威爾遜在替費米實驗室籌措資金時遇上許多問題，最後因為挫折而辭去職務。結果在一九七八年十一月，萊德曼經過詳盡審查各種選項之後，認為將現有設備當成質子－反質子對撞機使用的風險太大了，他不打算像凡赫夫那樣豪賭，並且決定應用他的影響力，重新替正反質子對撞機籌措財源。

探測器的程式可以辨識出大角度的高能電子或正子散射事件。如果電子攜帶的能量約略是 W 粒子的質量之半，那就是 W- 粒子衰變的一個特徵；同理，高能正子則是 W+ 粒子衰變的訊號。測量不平衡的能量（也就是粒子在碰撞前後的能量差值）可以判斷是否有伴隨產生的反微中子和微中子，因為這兩種粒子無法直接探測到。

一九八三年一月初，初步實驗結果於一場在羅馬舉行的研討會上發表。難得緊張的魯比亞宣布，在觀察到的數十億次碰撞事件裡，地底一區已經辨識出六次有可能是 W 粒子衰變的事件，地底二區則辨識出四次。魯比亞雖然有點猶豫，但他確信：「它們看起來像 W 粒子，聞起來也像 W 粒子，它們非 W 粒子莫屬。」[6]「他的談話相當引人注目，」萊德曼寫道，「他滿手好牌，而且演說技巧很棒，他以熱切的邏輯展示了他的研究成果。」[7]

一九八三年一月二十日，CERN 的物理學家擠進大禮堂聆聽兩場座談會，一場由地底一區的魯比亞發表，另一場由地底二區的迪萊拉發表。他們將在一月二十五日舉行記者會。地底二區合作團隊的態度比較傾向保留，但是很快就有了定論。W 粒子已經找到了，能量相當接近預測的 80 GeV。

一九八三年六月一日，地底一區宣布發現了 Z^0 粒子，質量大約是 95 GeV。這項發現是根據五次觀察事件得到確認，其中四次產生電子－正子對，一次產生緲子對。這時地底二區合作團隊已經累積了幾次候選事件，但他們想等更進一步的實驗結果出爐後再公諸於世。最後地底二區也提出報告，他們探

測到八次電子－正子對的事件。

到一九八三年底，地底一區和地底二區已經記錄了大約一百次 W± 粒子事件和十幾次 Z⁰ 粒子事件，揭露它們的質量分別約為 81 GeV 及 93 GeV。

魯比亞和范德梅爾共享了一九八四年的諾貝爾物理獎。

這是一段漫長的旅程，起點可以說是一九五四年，楊振寧和米爾斯對強核力的 SU(2) 量子場論的開創性研究。他們的理論預測有零質量的玻色子存在，也因此惹惱了包立；一九五七年，施溫格推測弱核力是透過三種場粒子傳遞，他的學生格拉肖後來將它們納入 SU(2) 楊－米爾斯場論裡。

一九六四年發現的希格斯機制說明了，像這樣的零質量玻色子能夠獲得質量；一九六七到六八年，溫伯格和薩拉姆繼續將希格斯機制應用在電弱對稱破裂，他們推導出的理論在一九七一年被證實可重整化。現在弱核力的媒介子也已經被找到了，而且分毫不差就在預期的地方。

W 粒子和 Z 粒子的質量一如預期，它們的存在是鐵一般的事實，這提供了令人相當信服的證據，SU(2)×U(1) 電弱理論基本上是正確的。如果這理論是對的，那麼就會有一個無處不在的能量場（希格斯場）負責賦予質量給弱核力的媒介子；而且如果希格斯場存在，那麼希格斯玻色子也必定存在。

但想找到希格斯玻色子，我們需要更大、更大、更大的對撞機。

第八章
放手一搏

雷根總統大力支持超導超級對撞機，但是美國國會在六年後取消了該計畫，只在德州留下一個大洞。

物理學家在電弱統一實驗裡學到的經驗，可以再次應用在更大的問題。電弱理論暗示，在大霹靂發生後很短的時間內，宇宙的溫度非常之高，弱核力和電磁力在這樣的高溫下無法區別，零質量玻色子所媒介的是單一的電弱力。

這就是所謂的「電弱時期」。隨著宇宙冷卻，背景的希格斯場「結晶」了，電弱力當中較高階的規範對稱性便被破壞了（或者，更正確的說法是「被隱藏了」）。電磁力的零質量玻色子（光子）仍然毫無阻礙，但是弱核力玻色子開始與希格斯場互動，獲得質量而成為 W 粒子和 Z 粒子。從交互作用力強度和規模的角度來說，這種情形使得弱核力和電磁力現在看來非常不同。

溫伯格、美國理論學家喬吉，以及澳洲出生的物理學家奎恩於一九七四年指出，在介於一億兆和一千兆兆電子伏特之間的能量環境底下，三種粒子力的交互作用強度約略相等。[*]這

樣的能量大約相當於溫度一萬兆兆（10^{28}）度，也就是大霹靂發生後約一千億兆兆分之一（10^{-35}）秒左右的溫度。

很合理的假設是，在這個「大一統時期」，強核力和電弱力也同樣無法區別，崩陷成單一的「電核力」。所有的媒介子也全都一模一樣，沒有電荷，夸克也沒有風味（上、下）或顏色（紅、綠、藍）。要破壞這樣的高對稱性，需要更多的希格斯場在更高的溫度下結晶，藉此強迫區隔出夸克、電子、微中子，以及強核力和電弱力。

像這樣的大一統場論（Grand Unified Theory, GUT）有許多版本，最早問世的其中一個例子是由格拉肖和喬吉在一九七四年發展出來的。[†]他們的理論以 SU(5) 對稱群為基礎，他們宣稱 SU(5) 對稱群是「世界的規範群」[1]；而更高對稱性的必然結果，就是所有基本粒子都變成了彼此的另一面。在格拉肖和喬吉的理論裡，夸克和輕子有可能互相轉變，也就是說，質子內部的夸克可以轉變成輕子。「接著我就意識到，這麼一來質子會變得很不穩定，但它卻是原子的基礎材料，」喬吉說，「這個時候我感到非常沮喪，然後就去睡了。」[2]

既然大一統現象只能發生在超高能量底下，而且任何建造在地球上的對撞機都絕對不可能實現這樣的能量等級，這就叫人很想質疑這些理論的價值何在。不過大一統場論預測了一些新粒子的存在，這些新粒子原則上可以透過碰撞實驗揭露；還有，雖然大一統時期可能在幾十億年前就結束了，但當時留在宇宙裡的痕跡仍然持續至今，我們還是能夠加以觀察。

　　至少這些邏輯是推衍自美國一位名叫古斯的年輕博士後物理學家，他證實了大一統場論預測的新粒子裡有**磁單極**，亦即磁「荷」的最小單位，相當於單獨存在的 N 極或 S 極。一九七九年五月，古斯開始和華裔美人戴自海（他也是一名博士後研究員）一起進行研究，他們想確定大霹靂可能會產生多少磁單極。他們的任務是想要解釋，如果磁單極真的形成於早期宇宙，那為什麼現在完全找不到？

　　古斯和戴自海意識到，藉由改變從大一統時期跨進電弱時期的相變性質，他們便能抑制磁單極形成；也就是說，他們想要補強希格斯場的特性。他們發現，只要宇宙在降到相變溫度時，沒有發生平順的相變或「結晶」，而是產生**過冷**現象，那磁單極就會消失不見。在這樣的機制底下，由於溫度下降得太急太快，使得宇宙的溫度可以遠低於相變溫度，但卻仍然保有大一統的狀態。‡

　　一九七九年十二月，古斯發現過冷有一種更屬害的效果，它預期在某一個時期的宇宙，時空經歷了顯著的指數性膨脹。古斯本來對這個結果感到不知所措，但他很快就意識到，這個爆炸性的膨脹解釋了可觀測宇宙的一些重要性質，而這是現行的大霹靂宇宙學辦不到的。「我不記得自己曾經想

＊ 根據較近期的估計，這個能量約兩千億兆電子伏特上下。

† 雖然名字裡有「大」又有「一統」，但是大一統場論並不打算納入重力。那些希望把重力涵括在內的理論一般被稱作「萬有理論（Theory of Everything, TOEs）」。

‡ 液態水最多可以過冷到攝氏零下四十度。

過要替這個不尋常的指數膨脹現象取個名字,」古斯後來寫道:「但我的日記顯示,到了十二月底,我開始稱之為**暴脹**（Inflation）。」[3]

希格斯場在大一統時期結束時破壞了對稱性,隨著暴脹宇宙學歷經幾次大幅度修正,希格斯場的特性也得到更進一步的補強。這些早期的理論「一統」了太多東西,暗示一個缺乏結構、相當單調的宇宙,裡頭沒有恆星、沒有行星,也沒有銀河系。宇宙學家這時才開始意識到,宇宙中可觀測結構的起源,一定是來自早期宇宙的量子漲落（quantum fluctuations）,再透過暴脹放大,但是格拉肖－喬吉大一統場論裡的希格斯場的性質和這個想法有所牴觸。

到了八〇年代早期,各方的實驗結果都證實了,質子比喬吉和格拉肖的理論所暗示的要穩定得多。* 宇宙學家不再受到由粒子物理學推導出的理論束縛,為了使理論跟可觀測宇宙的樣貌相符合,他們現在可以盡情擺弄希格斯場,後來還將希格斯場統稱為**暴脹場**,以強調其重要性。他們的預測在一九九二年四月以壯麗的方式得到了證實,宇宙背景探測者衛星偵測到宇宙背景輻射溫度的微小起伏,那就是在大霹靂發生後大約四十萬年,從物質裡脫離的熱輻射殘留至今的餘燼。†

布繞特和恩格勒、希格斯、古拉尼、哈庚,還有基博爾發明了希格斯場,將它當成破壞楊－米爾斯量子場論中所牽涉到的對稱性之工具;溫伯格和薩拉姆示範了如何將這個技巧套用到電弱對稱破裂,這種技術亦能正確預測 W 粒子和 Z 粒子的質量,同樣的技巧後來也使用在破壞電核力的對稱性。這個技

巧有一些叫人驚訝的必然結果，促成宇宙學家發現暴脹宇宙學，以及宇宙大尺度結構的精確預測。

　　希格斯場（和希格斯場暗示的假真空）的完整理論概念已經同時成為粒子物理學及大霹靂宇宙學的標準模型的中心。希格斯場真的存在嗎？只有一個辦法能找到答案。

　　大一統希格斯場裡頭的希格斯玻色子具有巨大的質量，任何地球上的對撞機都沒有發現它的能耐；然而，對最初的電弱希格斯場來說，雖然其中的希格斯玻色子質量相當難以預測，但在八〇年代中期，物理學家都相信下一代的對撞機就足以找到它。

　　歐洲的競爭對手搶先發現 W 粒子和 Z 粒子，美國的粒子物理學家仍然為此感到難受。一九八三年六月的某一天，「紐約時報」的社論宣告：「歐洲得三分，美國連 Z^0 粒子的那個〇分都沒拿到」，並且聲稱在這場尋找自然界最終基礎材料的競賽裡，歐洲物理學家已經搶得先機。[4] 美國物理學家伺

＊其中有一個實驗，是在不受宇宙射線干擾的大量質子裡，尋找單一質子的衰變事件。魯比亞是這麼解釋的：「……只要把半打研究生送進好幾公里深的地底，讓他們對一大池水觀察個五年。」出自沃特的著作第一〇四頁。

†「威爾金森微波各向異性探測器（WMAP）」對這些微小的溫度起伏進行了更詳盡的測量，結果分別發表於二〇〇三年二月、二〇〇六年三月、二〇〇八年二月和二〇一〇年一月，有助於確認、改善所謂的 Λ-CDM 模型（這裡的 CDM 是「冷暗物質」的縮寫），暴脹在這個模型裡扮演了關鍵角色。根據威爾金森微波各向異性探測器的最新資料，宇宙的年齡為一百三十七・五 ± 一・一億年。

機復仇，他們下定決心，到時發現希格斯玻色子的，一定會是美國的設備。

一九八三年七月三日，費米實驗室的正反質子對撞機正式啟動，它的儲存環有六公里長，在開始運轉的區區十二小時後，能量就達到了設計的 512 GeV（五千一百二十億電子伏特），可以保證質子和反質子的對撞能量達 1 TeV（一兆電子伏特）以上。正反質子對撞機共花了一億兩千萬美金打造。布魯克黑文國家實驗室此時正在建造一座新的質子對撞機，名叫交叉碰撞加速器（取其縮寫，暱稱為「伊莎貝爾」），能量規模達 400 GeV，結果還沒完成就已經過時了。伊莎貝爾計畫在同年七月遭到美國能源部高能物理諮詢小組取消。

CERN 的 LEP 也正要開工，它將置放在一個二十七公里長的環裡，深埋在法國和瑞士邊界的地底將近兩百公尺之處，橫越四個地區。這將是歐洲最大型的土木工程計畫，但是 LEP 的設計用意是 W 粒子和 Z 粒子的製造工廠，目的是為了精進我們對這些新粒子的理解，以及尋找失落的頂夸克。它不是用來獵捕希格斯粒子的。

正反質子對撞機或許能提供一瞥希格斯玻色子的機會，但誰都說不準。是時候追求大夢想了，萊德曼早些便提議要來一次大躍進，他想打造一座使用超導磁鐵的超大規模質子對撞機，對撞能量可達到 40 TeV。他稱這座對撞機為「沙漠窗」，因為它可能得建造在平坦寬闊的沙漠裡，而且它將會是世上唯一一座有能力跨越「能量沙漠」的機器。所謂「能量沙漠」，

就是大一統場論預測的巨大能量鴻溝，在這個能量段裡頭不存在任何有趣的新物理學。沙漠窗後來正名為「超大加速器」，高能物理諮詢小組因為取消了伊莎貝爾計畫，於是轉而力促超大加速器建造，它很快又被改名叫「超導超級對撞機」。

超導超級對撞機的設計於一九八六年底完成了，要價四十四億美金，使它篤定進入美國的頂尖科學計畫行列，因此需要總統的批准。有人要求萊德曼準備一段十分鐘短片，向雷根總統介紹這個計畫。萊德曼利用這次機會喚起雷根的開創精神，他將探索粒子物理學的未知領域，直接比擬成美國西部時代的拓荒冒險。

一九八七年一月，在白宮舉行了一場簡報會議，此時超導超級對撞機的正式提案就擺在雷根和他的內閣面前，會議中贊成與反對的意見往來交鋒。雷根的預算主任爭論說，這項預算的成效很小，頂多只是讓一堆物理學家開心罷了；雷根回答道，那麼他可能得仔細考慮，因為他以前惹得他的物理老師很不開心。

等爭辯告一段落，與會者的注意力都轉向雷根，等候他最後定奪。雷根朗讀了一段美國作家傑克·倫敦的句子：「寧可讓我的火花燃盡於燦爛火光之中，也不願在腐木裡熄滅。」[5] 他解釋道，綽號「大蛇」的美式足球四分衛斯塔布勒也曾經引用過這段話。斯塔布勒曾率領奧克蘭突擊者隊贏得一九七七年的超級盃，最出名的就是他的傳球精準度，以及他那一招「鬼魂通球門」，那年他們在美國美式足球聯合會季後賽對上巴爾地摩小馬隊，斯塔布勒使出四十二碼長傳，把球傳到綽號

「鬼魂」的卡斯柏手上，卡斯柏緊接著於最後讀秒時刻射進追平分，將比賽逼進延長賽，而突擊者隊贏得最後勝利。

斯塔布勒也引用了傑克‧倫敦的句子，闡述他對美式足球的態度。「放手一搏吧。」斯塔布勒這麼說。[6] 當你和對手面對面，最好採取比較冒險的策略，燃盡於燦爛火光之中。

雷根在一九六四年進入政壇之前，曾是美國 B 級電影的老班底，自從他在一九四〇年的實事改編電影「傳奇教練羅克尼」中扮演大學美式足球員吉普，「吉普」就成了他的綽號。吉普本人於二十五歲時死於咽喉感染，電影裡也演出了那段名言：「吉普對我說的最後一句話是，『老羅，』他說，『哪天我們隊遇上難關，隊員運氣不佳，你就跟他們說，放膽上場吧，為吉普打一場好球。』」[7]

雷根心裡對超導超級對撞機的概念有很深的共鳴，這一點幾乎無庸置疑。科學界向他承諾，科學將會以戰略防禦倡議（也稱作「星球大戰」計畫）的形式，成為美國的最後一道防線，這番承諾讓他感到飄飄然，而且為了美國的科學領先地位，他這時更加願意「放膽上場」。吉普準備好要放手一搏了。

雖然計畫批准了，但仍然引來許多懷疑。為了說服反對者，美國能源部說明超導超級對撞機可以成為一次跨國合作，其他國家會願意提供財務支援，但是美國物理學家的花言巧語反而破壞了這番打算。這項計畫很明顯是替美國重回高能物理的領導地位而設計的，其他國家為什麼要支持呢？歐洲國

家無論如何都忠於 CERN，超導超級對撞機並沒能引起大西洋對岸的太多興趣，這點倒不叫人意外。

美國的物理界裡頭也有不滿聲浪，而且已經蔓延成對抗局勢。只為了尋找希格斯玻色子就花了這麼多錢，真正被犧牲的是什麼？有許多獨立計畫雖然成本較低，卻更可能提供潛在的可貴科技進展，但是美國的物理預算不可能同時支持所有這些計畫和超導超級對撞機，所以這些計畫這下看來岌岌可危了。難道高能物理真的比其他科學領域還要重要一千倍嗎？

這下「大科學」變成了貶義詞。

在建造地點還沒決定以前，參眾兩議會都支持超導超級對撞機。美國國家科學院及工程院從二十五州收到四十三個地點提案，德州政府成立了一個委員會，並且承諾只要超導超級對撞機選擇德州，他們就提供十億美金的資助。或許把對撞機蓋在費米實驗室比較合理，因為計畫需要的大部分基礎建設和物理學家都已經等在那裡了，但是在一九八八年十一月，國家學院決定將超導超級對撞機建在一個名叫「奧斯汀白堊」的白堊紀地質構造裡，深埋在曾以棉花致富的埃利斯郡的德州大草原底下。

雷根的副總統布希出身德州，他在雷根之後繼任總統。在布希的當選日過後兩天，國家學院就宣布了上述選址結果，雖然沒有理由相信國家學院的決定有任何不公，但是布希也成為該計畫的強力支持者。然而，隨著地點確定下來，來自其他州參眾議員的支持也就煙消雲散了。

物理學家現在必須為了經費和參議院苦苦纏鬥，而且只要

每次參議院想檢視計畫，就得有人被傳去作證；與此同時，工程師也逐漸明白建造超導磁鐵的巨型環是怎麼一回事，預算估計隨之爆增。到了一九九○年開始撥款建造時，估計的預算幾乎翻了一倍，高達八十億美金。

測試用的洞穴挖進了奧斯汀白堊，一部分的基礎建設蓋在埃利斯郡的首府瓦克沙哈契附近，德州政府在那裡為該計畫保留了將近七千萬平方公尺的土地。為了研發和測試磁鐵的實驗室建造起來了，製造及循環液態氦所需的冷凍單元也置放在組裝後的大型結構裡了，日後他們將使用液態氦讓磁鐵維持在超導低溫。

兩組探測器合作團隊成立了。「螺線管探測器」合作團隊可能包含有一千位物理學家和工程師，來自世界各地超過一百個不同機構。螺線管探測器將打造成不特定針對某個粒子的一般型探測器，花費五億美金，希望能在一九九九年底開始記錄資料。另一個合作團隊是「伽瑪、電子及緲子團隊」，規模與螺線管探測器合作團隊類似。兩組團隊將會互相競爭。

許多物理學家決定賭上一把，他們要不是從現職告假，就是乾脆辭掉工作，加入超導超級對撞機計畫，到了最後，大約有兩萬人聚集到瓦克沙哈契的市內或周邊。對不熟悉超導超級對撞機政治面的局外人而言，種種進展看起來叫人相當安心，實驗室蓋個不停，洞挖個不停，而且大量人群正在集結。

但還是有些不祥之兆，美國政府一直在對抗龐大、惡化的預算赤字。一九九二年一月，布希總統訪問日本後空手而歸，日本人堅持超導超級對撞機並不是國際計畫，也因為如

此，他們不會提供支援。關於「大科學」的雜音愈來愈大，眾議院在六月投票支持一項聯邦預算修正案，該修正案將導致超導超級對撞機計畫關閉。幸好參議院出手干預，計畫才得以苟延殘喘。

前景愈來愈不樂觀，在溫伯格一九九三年出版的暢銷書《終極理論之夢》書裡可見一斑，他寫道：[8]

> 儘管建築物逐漸林立，洞穴持續開挖，但我知道這項計畫的資金可能就要中止了。我可以想像那些測試用的洞穴將被填平，「磁鐵大樓」遭到棄置，最後只剩幾個農夫的模糊記憶可以證實，在埃利斯郡，曾經有過一個偉大的科學實驗室計畫。或許我是中了生物學家赫胥黎的蠱惑，感染了他那維多利亞時代的樂觀吧，我無法相信這種事會發生。在我們所處的時代，尋找自然界最終定律的計畫竟會被棄之不顧。

萊德曼在同一年也出版了《上帝粒子》一書，在這本相當唐吉訶德式的著作裡，他做了一場和希臘哲學家德謨克利特親切聊天的夢，他從這個夢境裡被粗魯地喚醒了：[9]

> 「該死。」我又回到家裡，無力地從論文堆裡抬起頭。我注意到一份新聞頭條的影印本：「超級對撞機國會基金恐生變」，我的電腦數據機嗶嗶作響，下載了一封電子郵件，信裡「邀請」我去華盛頓，參加一

場討論超導超級對撞機的聽證會。

一九九二年的總統大選，柯林頓擊敗了布希和獨立參選人德州富商佩羅。隔年六月，超導超級對撞機的預算估計已經成長到一百一十億美金，眾議院再次對該計畫投下反對票。超導超級對撞機計畫的副主任卡斯帕說：「從某個時候開始，對超導超級對撞機投下反對票就變成了財政責任的象徵。畢竟這裡活生生就有一個昂貴的計畫，可以供你投票反對。」[10]

一般而言，柯林頓對這個計畫是持鼓勵態度的，但是他不像雷根和布希那麼堅定。預算兩百五十億美金的國際太空站建造計畫成為超導超級對撞機的潛在競爭對手，而太空站計畫的根據地將設立於美國太空總署在休士頓的詹森太空中心，那也位於德州。

一九九三年九月，溫伯格、里克特和萊德曼為了替超導超級對撞機爭取支持，做出最後一搏。英國科學家霍金送來一段表達支持的影片，但無濟於事。

當年十月，眾議院以一票之差贊成國際太空站，隔天則以二比一的票數否絕了超導超級對撞機。至此已經沒有轉圜空間，資金於是轉而用在保存那些已經蓋好的設備。這時隧道開挖了二十三公里長，耗資達二十億美金（見圖19），但是不管抱持著再多維多利亞時代的樂觀，都沒辦法讓這個計畫繼續下去。超導超級對撞機胎死腹中了。

普利茲獎得獎作家烏克將超導超級對撞機的經歷改編，寫了一部小說《德州巨洞》。他在小說開頭的作者注裡這麼說：[11]

圖 **19**　國會在一九九三年十月取消超導超級對撞機計畫的時候，這個計畫已經耗資二十億美金，在德州大草原底下開挖的隧道也已長達二十三公里。（圖片來源：超導超級對撞機科學技術電子資料庫）

　　自從原子彈和氫彈問世以來，粒子物理學就一直是國會的寵兒，但是這一切忽然之間粗暴地結束了。希格斯玻色子的追尋已然夭折，只在德州留下一個洞，一個遭到廢棄、巨大無比的洞。

而這個洞，至今仍在。

超導超級對撞機計畫取消後過了一年多，CERN 的成員國於一九九四年十二月六日投票通過，將在二十年內分配一百五十億美元的預算，在 LEP 功成身退後，將它改造成質子對撞機。大型強子對撞機（LHC）的想法最早是在一場於瑞士洛桑舉行的 CERN 研討會上提出，那是十年前（一九八四年三月）的事了。LHC 將產出高達 14 TeV 的碰撞能量，雖然比超導超級對撞機最大能量的一半還少，但用來尋找希格斯粒子，仍是綽綽有餘。

魯比亞宣稱，CERN 將會「在 LHC 的隧道內，鋪滿超導磁鐵」。[12]

第九章
美妙時刻

以英國政治人物都能理解的方式淺顯說明希格斯玻色子；CERN 找到了暗示希格斯粒子存在的證據；LHC 啟動，然後就爆炸了。

　　超導超級對撞機是一場豪賭，而物理學家輸了賭局。來自美國各界的不滿聲浪逐漸導致該計畫遭到取消，而這樣的情況也開始在歐洲重演。CERN 的優勢在於資金並不由單一國家負責，但是各個會員國如果對自己的捐款比重有所抱怨，那不滿的國家就有可能收回金援。一九九三年四月，就在美國眾議院最終決定取消超導超級對撞機的六個月前，英國科學部長渥德格雷向國內的高能物理界發出挑戰。

　　渥德格雷的挑戰預示首相梅傑的保守黨政府對科學政策將會有大幅調整，英國政府在隔月發表了一份白皮書，希望將科學政策的重心轉向創新領域，終極目標在於改善英國公民的財富創造和生活品質。換句話說，英國的科學之目的是為了裨益於經濟，為了尋求「大英國協股份有限公司」的利益，而支援科學和技術的政府組織都要全面整頓。

　　這是個不祥之兆。一九八七年十月的股市大崩盤引發全

球經濟衰退，英國當時才正要恢復元氣，只能勉強負擔每年挹注給 CERN 的五千五百萬英鎊。雖然物理學家可以列舉從 CERN 發展出的許多副產品（像是在網路加入超文字，促成柏納李在一九九〇年發明全球資訊網），但是要解釋發現希格斯玻色子如何直接增加英國人民的財富和改善生活品質，或許就不太容易了。

幸運的是，物理學家還沒有被要求做這樣的解釋，但是渥德格雷把話說得很白，他們最好把想做的事解釋得一清二楚。

就從最基本的問題來吧，這個叫「希格斯玻色子」的東西到底是什麼？這東西又為什麼重要到需要耗資數十億元，就只為了找到它？「如果你們可以幫我了解這一點，那我就比較有機會幫你們拿到錢。」渥德格雷在英國物理學會的年會上，這麼對觀眾說。[1] 他告訴他們，如果有人能夠在一張紙上，以白話文向他解釋到底大家都在忙些什麼，那他就拿出一瓶陳年香檳當作獎賞。

當然了，一切的忙碌，都與希格斯場在標準模型的架構裡扮演了主要角色有關。沒有了希格斯場，就不會有電弱力的對稱破裂；* 沒有對稱破裂，W 粒子和 Z 粒子就會跟光子一樣不具質量，而電磁力和弱核力仍然是同一種力；缺乏基本粒子和

---

* 嚴格來說，這裡的說法並不正確。有一種「天彩力」（technicolour）理論引進了新的超強核力，而這種超強核力也可以驅使電弱對稱發生破裂。天彩力理論同樣可以賦予 W 粒子和 Z 粒子質量，但是難以正確預測夸克的質量，因為這個理由，物理學家比較偏好希格斯機制。以上資料來自我和溫伯格在二〇一一年二月二十四日的個人通信。

希格斯場的交互作用，就不會有質量，也就沒有物質、沒有恆星、沒有行星，也沒有生命。希格斯場的直接存在證據，只能透過尋找它的場粒子（亦即希格斯玻色子）來確定，只要找到希格斯玻色子，我們忽然之間就會更加明白物質世界的真實性質。

　　想要以政治人物能理解的話來解釋希格斯機制，一定要透過簡單的類比。倫敦大學學院的粒子物理學暨天文學教授米勒相信自己找到了這樣的類比，經過幾次修正後，他覺得自己可以藉由渥德格雷的親身經歷來解釋，他用來說明的角色是一位不久前還主宰英國政治的卓越人士：前首相柴契爾夫人。他寫道：[2]

　　想像有一場雞尾酒會，政黨黨工平均分布在整個樓層，全都在和最接近自己的人聊天。這時前首相走進門，開始穿越房間，所有靠近她的黨工都感受到強大的吸引力，因此聚到她身邊。隨著她的移動，她吸引了附近的人，至於那些被留在後頭的，則又重新平均分布到空間裡。因為她的身邊永遠都聚集了一群人，她就得到了比平常更大的質量，也就是說，如果以相同的速度穿越房間，她的動量也因此變大了。她一旦移動了，就很難停下來，而只要她停下來了，就很難再次移動，因為這個群眾聚集的過程又得從頭來過。把這個例子放在三維空間裡，再加上相對論的複雜因素，就是希格斯機制了。

為了賦予粒子質量，我們發明了一個背景場，當有粒子從中穿過時，這個背景場就會局部失去秩序，這個失序的過程（粒子四周的場之聚集）便產生粒子的質量。這個概念直接來自固體的物理，組成固體的，並不是一個瀰漫所有空間的場，而是帶正電的結晶原子所組成的晶格。當一個電子穿越晶格，原子被電子所吸引，會使得電子的有效質量比自由電子的質量大上四十倍。被假設存在真空裡的希格斯場，就是某種充滿整個宇宙的假想晶格。我們需要希格斯場，否則我們將無法解釋，為何媒介弱核力的 W 粒子和 Z 粒子這麼重，而媒介電磁力的光子卻沒有質量。

零質量的基本粒子（柴契爾夫人）與希格斯場（平均分布的黨工）互動後就得到了質量，這邊藉此說明希格斯機制，如圖 20 所示。米勒繼續解釋希格斯玻色子：

現在假設有個八卦傳過這個滿布黨工的房間，那些靠近門口的先聽見了，於是聚在一起以便聽清楚細節，然後他們就轉身，朝那些站在附近、也想知道八卦的人移動，那麼就有一個群聚波穿過房間。這個波可能會傳遍每個角落，或者它會聚成一群，沿著一條黨工組成的線，將消息從門口傳給房間另一頭的某個達官顯要。由於資訊是透過聚集的人群攜帶，那麼就像前首相會得到額外的質量一樣，這些媒介八卦的群聚也

圖 20　本圖為米勒解釋希格斯機制所使用的「得獎作品」。當柴契爾夫人穿過黨工的「場」，場會群聚在她的四周，她的前進速度便慢了下來。這就等同於獲得了質量。（圖片版權為 CERN 所有）

有了質量。

根據理論預測，在希格斯場裡的希格斯玻色子就是像這樣的群聚。如果我們真的看見了希格斯粒子本身，那我們很容易就能相信希格斯場的存在，以及賦予其他粒子質量的這套機制是真實的。我們可以再一次從固體的物理當中找到類比，晶格本身能夠媒介群聚波，無需透過電子通過以吸引原子，而這些波的行為模式有如粒子一般，它們被稱作聲子（phonons），也是一種玻色子。我們的宇宙裡也可能有希格斯機制和無處不在的希格斯場，但卻不存在希格斯玻色子；下一代對撞機將告訴我們答案。

這段描述如圖 21 所示。

渥德格雷收到了一百一十七篇作品，這件事本身就說明了物理學家的探索有多麼重要。渥德格雷選出了五個獲勝者，但物理界認為其中最佳的是米勒的作品。米勒正式得到一瓶凱歌香檳，但他似乎沒能品嘗。「我老婆、小姨和我兒子的女朋友把那瓶香檳喝了。」他解釋道。[3]

儘管財務困窘，英國政府還是繼續信守對 CERN 的承諾。*

＊以更清楚的角度來看，二〇一一年英國貢獻給 CERN 的預算是百分之十五，也就是一・〇九億英鎊（一・七四億美金），每一個英國公民的負擔少於兩英鎊。「這是名副其實的花生，」超導環場探測器（ATLAS）的物理學家暨電視節目主持人考克斯說，「事實上，我們花在買花生的錢還比 LHC 多。」（二〇一一年二月二十七日，星期日泰晤士報）

圖 21　希格斯玻色子就像是一個口耳相傳的八卦，穿過黨工的「場」。當場群聚起來細聽八卦，一個區域化的「粒子」便形成了，然後這個粒子就會在房間裡四處移動。（圖片版權為 CERN 所有）

　　希格斯玻色子的獵捕行動暫時停歇，但還是有些其他的標準模型粒子被找到了。一九九五年三月二日，費米實驗室終於宣布發現了頂夸克，參與這項發現的是兩組互相競爭的研究團隊，各自包括有約略四百位物理學家。頂夸克是透過它的衰變產物被辨識出來的，能量充沛的質子和反質子碰撞後，產生頂夸克－反頂夸克對，而這些粒子都各自衰變成底夸克和 W 粒子，W 粒子再衰變成緲子和反緲子微中子，其他粒子則衰變成一個上夸克和一個下夸克。從最終結果觀之，碰撞產生了一個緲子、一個反緲子微中子，以及四道夸克噴流。研究發現，頂夸克的質量是驚人的 175 GeV（一千七百五十億電子伏特），幾乎是它的第三代夥伴底夸克質量的四十倍。

　　除了希格斯玻色子，唯一有待發現的粒子是 τ 微中子，費米實驗室在五年後（二〇〇〇年七月二十日）宣布了它的發現。弱核力會改變夸克的風味，現在我們可以把可能的改變順序繪製下來了，參見圖 22。

　　正反質子對撞機和 LEP 還是有希望能找到希格斯玻色子，而這些機器現在已經被逼到了極限。問題在於希格斯玻色子的質量無法精確預測，所以不像 W 粒子和 Z 粒子的情況，物理學家並不知道該注意哪裡。

　　累積多次經驗後，我們知道它的質量應該會落在 100 – 250 GeV 左右。希格斯粒子可以透過它的衰變頻道（decay channels）被偵測到，物理學家認為衰變的希格斯粒子會產生底夸克－反底夸克對，伴隨上夸克和底夸克、兩個高能光子、成對的 Z 粒子（隨後衰變成四個輕子，可能是電子、緲

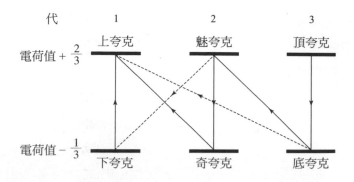

圖 22 透過弱核力衰變所產生的主要夸克「風味轉變」為下→上、奇→上、魅→奇、底→魅以及頂→底；兩條比較不可能的衰變路徑也顯示在圖中（以虛線表示），亦即魅→下和底→上。方向朝上的轉變會發射 W⁻ 粒子，此 W⁻ 粒子會衰變成一個輕子（比如說電子）及對應的反微中子；方向朝下的轉變發射 W⁺ 粒子，並衰變成一個反輕子（比如說正子）及對應的微中子。

子和微中子）、成對的 W 粒子，以及成對的 τ 輕子。

　　LEP 被證實是一座既強大又多功能的機器，但終於功成身退，在二○○○年九月除役。CERN 的物理學家現在把這座機器逼到超越了極限，作為尋找希格斯粒子的最後一搏。早在一九八九年八月，LEP 就達到了設計的 45 GeV 發射能量（能夠製造出能量達 90 GeV 的電子－正子對撞），後來物理學家替它進行多次升級，碰撞能量提高到 170 GeV，使它具備產生 W 粒子對的能耐；在二○○○年的夏天，進一步的修改更將碰撞能量推升至約略 200 GeV。

　　二○○○年六月十五日，CERN 的物理學家康斯坦丁尼迪

斯對阿列夫探測器（Aleph）*在前一天記錄到的一次事件詳加研究，那是一次具有四道夸克噴流特徵的事件，其中兩道噴流來自衰變的 Z 粒子，另外兩道噴流則是某種較重的粒子衰變所產生的，而這個粒子的質量約為 114 GeV。

對全世界的任何人來說，它怎麼看，都像是希格斯玻色子。

當然，單一事件並不能代表新發現，但是阿列夫探測器很快就又記錄到兩次事件，另一座名叫「德爾菲」（Delphi）†的探測器也記錄到兩次。這幾次紀錄雖不足以宣稱有新發現，但已經足夠說服時任 CERN 總幹事的馬伊阿尼將 LEP 延役至當年十一月二日。名叫 L3 的第三座探測器接著記錄到一次不同類型的事件，看起來很像是希格斯粒子衰變成 Z 粒子，然後 Z 粒子再衰變成兩個微中子。這很可能是自一九六四年希格斯玻色子發明以來，高能物理學最重要的發現，而此時 CERN 距離宣稱發現，看似只有一步之遙。

現在 CERN 的物理學家希望讓 LEP 繼續運作六個月，馬伊阿尼似乎傾向同意這個請求，但是他和資深研究科學家進行了一系列會議，在會議中深思熟慮過後，他終於做出結論，目前的證據並不足以延遲 LHC 的建造計畫。就算多花很多時間，LEP 也沒有辦法優雅地被轉換成 LHC，這樣的轉變是不

---

*全名是「LEP 物理設備」，「阿列夫」是從其英文全名的字母拼湊而得的暱稱。

† 全名是「輕子、光子及強子辨識探測器」，和阿列夫一樣，「德爾菲」是由全名的字母拼湊而來。

可能辦到的。想建造 LHC，LEP 所在的隧道就必須全部清除，馬伊阿尼認為自己別無選擇，只能將它關閉。CERN 的社群是在一場記者會中才得知這項決定。

很多物理學家堅信他們只差一點就能有重大發現，所以馬伊阿尼處理這件事的手法讓他們很不甘心。然而，愈是進一步檢視那些碰撞事件，它們就愈不可能真的是希格斯玻色子露出的馬腳。「我可以理解那些認為已經逮到希格斯玻色子的人有多麼挫折、多麼難過，」馬伊阿尼於二〇〇一年二月寫道，「而且他們害怕自己的研究要花上好幾年才能得到確認。」[4]

唯一的結論就是，希格斯玻色子一定比 114.4 GeV 還重，很可能是在 115.6 GeV 左右。

隨著頂夸克和 τ 微中子的發現，組成標準模型的基礎粒子集合也差不多完成了，物理學家面臨了史無前例的情況，再也沒有與理論預測不符的實驗資料了。話雖如此，理論學家還有很多工作要做。

自標準模型成立之初，就存在一個難以解釋的重大缺陷。這個模型裡的「根本」或「基本」粒子實在太多了，將這些粒子連結在一起的理論架構需要二十個參數，而且這些參數無法由理論推導，一定得透過測量來決定。在這二十個參數裡，有十二個是用來解釋夸克和輕子的質量，還有三個用來說明夸克和輕子之間的力之強度，全都是不可或缺的參數。

希格斯玻色子的質量本身也有問題。希格斯粒子是透過所謂的「循環校正」（Loop Correction）獲得質量，必須考慮到

和虛粒子的交互作用。如果依照理論所要求的型式來破壞電弱對稱性，那麼牽涉到較重粒子（像是虛頂夸克）的循環校正將賦予希格斯粒子過多的質量；依此邏輯得到的結論便是，和實驗結果相較之下，預測中的弱核力要弱上許多。這就是所謂的「層級問題」。

而且，儘管格拉肖、溫伯格和薩拉姆最後成功結合了弱核力和電磁力，但是構成標準模型的楊－米爾斯場論之 SU(3)×SU(2)×U(1) 結構，仍然遠遠不能稱之為粒子力的完全統一理論。

由於缺乏實驗佐證，理論學家別無選擇，只能講究美學，跟隨直覺追尋超越標準模型的理論，期望能從更為基礎的層級來解釋自然界的法則。

除了喬吉和格拉肖的大一統場論，七〇年代初期出現了另一種大一統的方法，由蘇聯的理論學家所提出，而 CERN 的物理學家外斯和朱米諾也於一九七三年獨立得到同樣的研究成果。這個方法稱作「超對稱」（Supersymmetry）。超對稱理論五花八門，但其中有種比較簡單的，叫做「最小超對稱標準模型」（MSSM），最早於一九八一年提出，特徵在於連接物質粒子（費米子）和載力粒子（玻色子）的「超多重譜線」（super-multiples）。

在超對稱理論裡，方程式可以在費米子和玻色子互換後，仍然維持不變。在我們今天觀察到的物理學裡，費米子和玻色子有著大相逕庭的特質和行為模式，這必定是超對稱性遭到隱藏或破壞後的結果。

較高等的超對稱性必然會產生更多的粒子，理論預測每個費米子都會有一個對應的超對稱費米子，而這個超對稱費米子事實上就是個玻色子。也就是說，對標準模型裡的所有粒子而言，超對稱理論都要求必須有一個大質量的超對稱夥伴，兩者自旋差值為 $\frac{1}{2}$。電子的超對稱夥伴叫做「超電子」（selectron），而每個夸克都有相對應的「超夸克」（squark）作伴。

同理，標準模型裡的所有玻色子也都有一個相對應的超對稱玻色子（實際上就是費米子）。光子、W 粒子和 Z 粒子的超對稱夥伴分別叫做超光子（photino）、超 W 子（wino）和超 Z 子（zino）。

最小超對稱標準模型的優點是，它可以解決希格斯玻色子的質量問題。在這個模型裡，牽涉到虛超對稱粒子的交互作用會造成「負修正」的效果，藉此抵消希格斯粒子透過循環校正得到的過大質量。舉例來說，虛頂夸克進行交互作用所貢獻的質量，能透過與虛超頂夸克的交互作用而抵消。這種抵消作用可以穩定希格斯粒子的質量，因此也穩定了弱核力的強度。其實最小超對稱標準模型需要有五種質量各異的希格斯粒子，這套機制才能夠運作；其中三種希格斯粒子為電中性，另外兩種則攜帶電荷。

最小超對稱標準模型也熨平了標準模型的另一道皺摺。溫伯格、喬吉和奎恩在一九七四年指出，標準模型中的強核力、弱核力以及電磁力在高能狀態下，會變得約略等強，但卻不是精確相等，這與電核力統一理論中的預測並不符合；而在

最小超對稱標準模型裡，這三種粒子力的強度則被預測會收斂到單一的點上（見圖23）。

超對稱或許也能解決宇宙學裡一個存在已久的問題。瑞士天文學家茲威基於一九三四年發現，在推算后髮座星系團的銀河系平均質量時，透過重力效應所得到的結果，和藉由這些銀河系在夜空中的亮度所推算出的質量並不一致；由亮度求得的質量並不足以引發實際觀察到的重力效應，其中有百分之九十似乎「消失」、隱形了。這些消失的質量被稱之為「暗物質」（dark matter）。

這個問題並不只發生在后髮座星系團，暗物質是大霹靂宇宙學現行標準模型（Λ-CDM 模型）的核心成分。根據宇宙背景探測者（COBE）和近期的威爾金森微波各向異性探測器衛星（WMAP）對宇宙微波背景輻射的觀察，大約百分之二十二的宇宙由暗物質所構成，另外大約百分之七十三是「暗能量」（dark energy），和無所不在的真空能量場有關，剩下的才是宇宙的「可見」物體，如恆星、微中子和重元素，也就是說，組成我們可見的一切，所占分量還不到百分之五。

超對稱預測了不受強核力或電磁力影響的超粒子，因此這些超粒子（像是超中性子，neutralinos）便成為所謂「大質量弱作用粒子」（WIMPs）的候選者，物理學家認為暗物質裡有很大一部分，就是由這些大質量弱作用粒子所組成的。*

＊超中性子是由超光子、超 W 子、超 Z 子和中性的超希格斯粒子組合而成。見凱恩的著作第一百五十八頁。

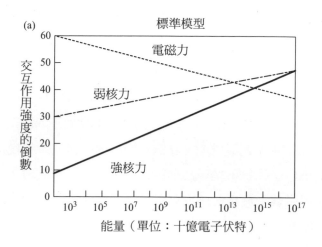

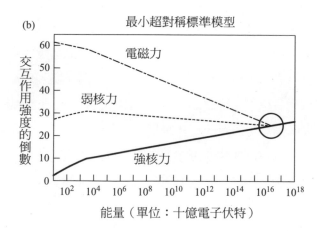

圖 23　(a) 這是標準模型裡對電磁力、強核力和弱核力的強度推算，暗示了在某個能量（以及大霹靂後的某個時間點），這些力的強度是一樣的，它們被「統一」了。然而，它們並不是真的匯聚到一個單一的點上。(b) 在最小超對稱標準模型裡，額外的量子場改變了推算的結果，使得這些力幾乎收斂到同一點。

　　超對稱粒子的想法可能看似脫離現實，但是粒子物理學的歷史裡滿是基於理論預測的奇妙發現，而這些理論在提出的時候卻被視為過於荒謬。如果這些超對稱粒子真的存在，物理學家預期能在 TeV（兆電子伏特）的能量等級找到其中幾種。

　　時間邁入新的千禧年，在法國及瑞士的地底下一百五十公尺處，LHC 正在逐漸成型。建造它的目的不僅只於尋找電弱希格斯玻色子，也不光是為了確實逮到幾種希格斯玻色子，甚至也不只為了發現最小超對稱標準模型所預測的超對稱粒子；LHC 的真正意義在於跨越標準模型，事關我們對萬物的組成成分、以及這些組成成分如何形塑宇宙的理解能力。

　　拆解 LEP 的工作於二〇〇〇年十二月開始進行，有四萬公噸的材料必須移除。到了二〇〇一年十一月，隧道已經完全淨空，測量員也著手標記出要裝設 LHC 元件的七千個地點。

　　進度延遲無可避免，馬伊阿尼在二〇〇一年十月發現預算大幅超支，接下來的預算限縮，使得計畫的預定完成日期往後延了一年，從二〇〇六年延到二〇〇七年。就像美國人在建造超導超級對撞機的夭折計畫裡所發現的，超導磁鐵的創新技術很可能燒掉比預期還多的預算。

　　世上最大的冷凍系統於二〇〇六年十月完工，這個系統有能力將超導磁鐵降溫到攝氏零下 271.4 度。LHC 共有一千七百四十六塊超導磁鐵，最後一塊於二〇〇七年安裝完成。

　　雖然 LHC 將放置在 LEP 之前使用的二十七公里隧道裡，

但還是有進一步開挖的需求，以騰出空間給新的探測器設備。依 LHC 的最初計畫，將有四座探測器設備，分別是超導環場探測器（ATLAS）、緊緻緲子螺管探測器（CMS）、大型離子對撞機實驗（ALICE，是為了研究像鉛原子核之類的重離子對撞而設計的），以及 LHC 底夸克實驗（LHCb，專門用來研究底夸克物理現象的設備）。

　　後來又加上了兩座尺寸小得多的探測器設備。全截面彈性散射探測器（TOTEM）目的在以超高的精密度測量質子，安裝在靠近緊緻緲子螺管偵測器（CMS）的中心，也就是質子發生對撞之處；最後是 LHC 前端探測器（LHCf），目的是研究在質子對撞的「前端」區域所產生的粒子，它與對撞粒子束的方向幾乎一致，緊靠在 ATLAS 一旁，和 ATLAS 使用相同的粒子束交叉點。

　　ATLAS 和 CMS 的用途較為一般，它們將獵捕希格斯玻色子和其他「新物理學」，或許能暗示超對稱粒子的存在，並解決暗物質之謎。ATLAS 探測器包括一系列愈來愈大的同軸圓柱，環繞著來自 LHC 的質子束交叉點。內圈粒子路徑探測器被一個線圈狀的超導磁鐵所包圍，它的功能是追蹤帶電粒子，辨識其類別並測量動量，而磁鐵則是用以彎曲帶電粒子的行進路徑。

　　電磁力和強子的量能器（Calorimeter）被安置較外側，可以吸收帶電粒子、光子和強子的能量，並從這些粒子製造的「粒子雨」推算出它們的能量。緲子具高度穿透性，能穿過大部分探測器的元件，所以必須先藉由大型超導磁鐵組產生

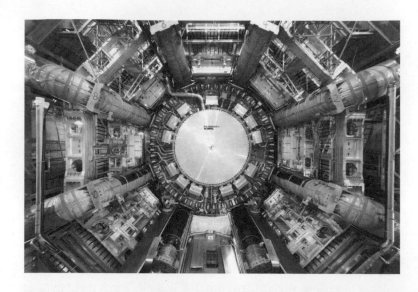

圖 24 大型超導磁鐵組產生甜甜圈狀的磁場，供 ATLAS 探測器利用；這個大型超導磁鐵組是由八個「桶輪」和兩個「端帽」所組成，是世上最大的超導磁鐵。（圖片版權為 CERN 所有）

一個甜甜圈狀的磁場，緲子譜儀再利用這個磁場來測量緲子的動量。ATLAS 的大型超導磁鐵組是由八個「桶輪」（barrel loops）和兩個「端帽」（end caps）所組成，是世上最大的超導磁鐵組（見圖 24）。

ATLAS 無法探測到微中子，只能透過對撞前後粒子能量的不守衡來推測是否有微中子現身，所以探測器一定要「完全封閉」，除了微中子之外的任何粒子都不能躲過探測。

ATLAS 探測器大約有四十五公尺長、二十五公尺高，體積約略是巴黎聖母院的一半大；重量為七千公噸，與艾菲爾鐵

塔等重，或等於一百架淨空的七四七巨無霸噴射機。ATLAS
合作團隊由義大利物理學家吉亞諾蒂主持，團隊包括有三千位
物理學家，他們來自三十八個國家，超過一百七十四所大學和
實驗室。

　　CMS 的設計不同，但功能類似。它最內層的粒子路徑
探測器由矽晶片和矽微條探測器組成，可測量帶電粒子的位
置，據以重新架構粒子的路徑。如同 ATLAS 探測器，電磁力
和強子的量能器被用來測量帶電粒子、光子和強子的能量，緲
子譜儀則捕捉穿透量能器的緲子資料。

　　緊緻緲子螺管偵測器（CMS）之所以稱為「緊緻」，是
因為它使用單一大型超導磁鐵線圈，所以尺寸比 ATLAS 來得
小。但它其實還是很大，長二十一公尺、寬十五公尺、高十五
公尺（見圖 25）。CMS 的網站上宣稱它所安置的地下洞穴「可
以容納全日內瓦的居民，但不會太舒服」。[5] CMS 合作團隊由
義大利物理學家桐迺立所主持，也包括了三千位物理學家和工
程師，他們來自三十八個國家的一百八十三座學院。

　　建造 ATLAS 和 CMS 探測器元件的工作於一九九七和
九八年開始進行，將來要安設這兩座探測器的洞穴也開挖
了。裝配工程於二〇〇八年初完成。

　　到了二〇〇八年八月，二十七公里長的 LHC 全線都冷卻
到操作溫度了。這個步驟需要超過一萬公噸的液態氮，還有
一百五十公噸的液態氦，才能注滿磁鐵。

　　LHC 現在準備啟動了。

圖 25 格斯（圖左）於建造期間訪問 CMS 探測器。與他合照的是 CMS 的發言人馮地。（圖片版權為 CERN 所有）

「這是個美妙時刻，」二〇〇八年九月，LHC 的計畫經理艾萬斯宣布，「我們現在能夠展望一個嶄新的時代，對宇宙的起源和演變將有更深的理解。」[6]

可悲的是，艾萬斯的欣喜沒能持續太久。LHC 在當地時間早上十點二十八分啟動，物理學家擠在小小的控制室裡，當螢幕上出現第一道閃光，現場響起了一陣歡呼，因為那意味著高速質子在只比絕對零度高上兩度的操作溫度下，已經繞行機器的二十七公里環圈整整一圈了。雖然這道閃光並不顯眼（估計有十億觀眾正透過電視觀看這個時刻，對他們來說，這可能還稱不上是高潮），但是它代表了這二十年來，數不盡的

物理學家、設計者、工程師和建造工人不懈努力的顛峰。

　　當天下午三點，另一道質子束以反方向繞行環圈成功，但不久後就出事了。僅僅九天後，一個位於超導磁鐵之間的電氣匯流排連接部發生了短路，電弧在磁鐵的液態氦封裝容器上打穿了一個洞，氦氣洩進 LHC 隧道的三到四區，接下來的爆炸造成五十三具磁鐵毀損，質子管道也遭到灰塵污染。

　　在預定的冬季關機時間之前，並沒有修復的希望，重啟時間姑且定在二〇〇九年春天。但是問題不只如此，在二〇〇九年二月，一場於法國沙木尼舉行的會議上，CERN 的幾位經理決定要執行進一步的作業。

　　重啟日期於焉延後。

第十章
莎士比亞的問題

LHC 的成果超乎任何人的預期（艾萬斯除外），
幾個月內就蒐集了一整年的資料，而希格斯玻色
子已經無處可藏了。

在 LHC 首次啟動將近一年後，二〇〇九年的九月初，最
後一區也已經開始進行冷卻程序；到了十月底，全部八區都降
到運作溫度了，LHC 終於在十一月重新啟動。儘管冬季電費
較高，對撞機仍然在二〇〇九到一〇年的冬天進行運轉，主要
是為了讓 CERN 的物理學家保持領先的進度，因為在費米實
驗室正反質子對撞機那頭的競爭對手，也開始瞥見希格斯粒子
的蹤跡了。

在二〇一〇年的最初幾個月內，LHC 兩個環裡以反方向
繞行的質子在實際對撞之前，已經各自加速到 3.5 TeV（三·
五兆電子伏特）。第一次 7 TeV 的對撞發生在三月三十日，之
後質子束的強度和亮度逐漸增強，而對撞能量仍維持不墜。
ATLAS 和 CMS 都記錄了許多事件，這些事件是許多「熟面
孔」所產生，也就是標準模型的全套粒子。物理學家曾經花了
超過六十年的時間來找尋這些粒子，但它們在短短幾個月內

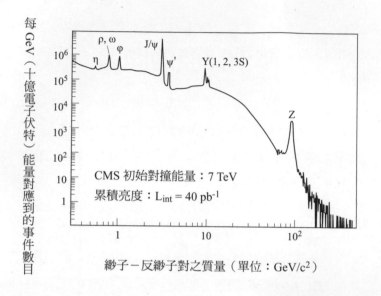

每 GeV（十億電子伏特）能量對應到的事件數目

緲子－反緲子對之質量（單位：GeV/c²）

圖 26 在二〇一〇年，7 TeV 對撞開始運作的幾個月內，ATLAS 和 CMS 團隊都記錄到了多次候選事件，對應到標準模型的所有已知粒子。在來自 CMS 團隊的這張圖表裡，可以看見的粒子證據包括有 J/ψ 介子、Υ 介子（由底夸克和其反粒子組成）以及 Z⁰ 粒子，都是衰變後生成不同能量的緲子－反緲子對而暴露蹤跡。（圖片來源：版權為 CERN 所有，CMS 團隊提供）

就全被收編登記了，包括於一九五〇年首次發現的中性 π 介子，由上、下和奇夸克的眾多組合方式構成的 η 介子，還有 ρ 介子、φ 介子、J/ψ 介子、Υ 介子，以及 W 和 Z 玻色子（見圖 26）。到了七月，牽涉到頂夸克的新資料也愈來愈多。

　　二〇一〇年七月八日，義大利物理學家多里戈發表了一篇部落格文章，稱有風聲指出正反質子對撞機已經找到了輕質量

希格斯粒子的證據。這個傳言快速在網路上流傳，新聞媒體也跟進報導，但是費米實驗室幾乎立刻出面否認，他們在推特上「發推」，輕蔑地反駁說那是「一個想紅的部落客所散發的謠言」。[1]多里戈隨後替自己的造謠行徑辯解道：「讓粒子物理學三不五時在媒體曝光是很重要的，就算這些重大發現的暗示很快就被推翻了，也好過只在真正有了突破性發現時才出來大肆宣揚，其他時間卻保持靜默。」[2]

姑且不論他的說詞是對還是錯，從這些謠言就可看出費米實驗室和 CERN 之間的對抗情勢逐漸升溫，也說明了大家高漲的期待，或許有**什麼**很快就要被發現了。萊德曼早些承認道，觀看 CERN 未來宣布的任何發現都會讓他百感交集，「感覺有點像是，你的岳母開著你的寶馬汽車衝下斷崖。」他說。[3]

多里戈的部落格文章提到了所謂的「三標準差」（three-sigma）證據，也就是反映實驗資料信心等級的一種統計方法。*三標準差證據指的是 99.7 的信心水準；換句話說，資料有 0.3 的機會是錯的。雖然這樣的信心水準聽起來已經相當具說服力了，但是要確保真正的「發現」，粒子物理學家其實要求資料要達到五標準差，亦即 99.9999 的信心水準。

物理學家相信，能產生希格斯玻色子、並且發生衰變的撞擊事件是很罕見的，所以若想建立五標準差的資料，就需要記錄非常、非常大量的候選事件，所以粒子束的亮度便是關鍵所在。亮度愈高，固定時間內的撞擊次數就愈多，候選事件的數

＊顯然這個謠言本身並不具備這樣的統計方法……

量當然也愈多。* 事實上，累積亮度（所有時間的亮度總和）
與候選事件的數量有直接相關。

　　累積亮度使用的單位是不太常聽見的「邦」（barns）。
物理學家以「截面」（cross-section）測量核反應的比率，單
位為平方公分，截面則可以想像成是一個二維的窗戶，核反
應就發生在這個窗戶裡。窗戶愈大，出現反應的可能性就愈
大；而反應的可能性愈大，就會愈快發生。這裡提到的截面是
原子尺寸，通常表示為 10^{-24} 平方公分的倍數。「邦」這個單
位的由來，是因為鈾原子的核反應截面實在太大了，一位曼哈
頓計畫的物理學家打趣地說「跟穀倉一樣大」，後來「穀倉」
（barn）這個字就被拿來當成單位了，中文則音譯為「邦」。
一邦（b）就等於 10^{-24} 平方公分；「皮邦」（pb）是兆分之一
邦（10^{-36} 平方公分），「飛邦」（fb）是千兆之一邦（10^{-39}
平方公分）。至於「邦的倒數（b^{-1}）」，則是用來量度在每邦
面積中發生的粒子撞擊事件的頻率。

　　二○一○年十二月八日，在 CERN 於法國埃維揚舉行的
一場會議裡，吉亞諾蒂就尋找希格斯粒子的前景，以及 LHC
和正反質子對撞機之間必然的競爭做出了總結。簡單的統計
就能看出，即使累積亮度在二○一一年底之前達到 10 fb^{-1}（相
當於每平方公分的撞擊事件總數為 10^{40} 次），正反質子對撞
機還是只能在幾個受限的能量區間內，達到三標準差證據的程
度；LHC 的能量較為強大，原則上它能夠在 1–5fb^{-1} 的累積亮
度下產生三標準差的證據，實際的結果將依希格斯粒子的質量
而定。

二〇一一年一月十七日，美國能源部宣布在二〇一一年年底之後，將不再挹注資金擴展正反質子對撞機計畫。這個決定並不等於宣告尋找希格斯粒子的競賽就此結束，而是確定了守衛高能物理學最邊陲地帶的責任，將無可避免地由費米實驗室轉移到 CERN。

按照 LHC 的原始操作計畫，它將在二〇一二年延長關機的時間，這是為了替質子能量升級，以達到設計的 14 TeV 對撞能量。[†]但因為希格斯粒子看似就近在眼前，CERN 的諸位管理人在二〇一一年一月同意延後關閉時程，繼續以 7 TeV 的對撞能量運作 LHC，直到二〇一二年的十二月。對撞能量有可能升級到 8 TeV，但這個升級計畫被認為風險太高，於是 CERN 轉而採取其他能夠提高粒子束亮度的辦法。

「若自然界對我們夠仁慈，而且希格斯粒子的質量在 LHC 目前的能量所及，」CERN 總幹事修爾在評論這項決定時說道，「我們在二〇一一年累積的資料將足以看見線索，但這還不夠宣稱為發現。如果讓 LHC 在整個二〇一二年持續運轉，那我們就能得到所需的資料，把線索變成發現。」[4]

舞台已經準備就緒了。

---

* 「亮度」用來描述可以擠進撞擊點的粒子數量，所以也就是**潛在**的撞擊次數。雖然不是所有在撞擊點的粒子都會實際發生碰撞，不過亮度提供了撞擊次數的估計值。

† 關機是必要的手段，這樣才能將大約兩萬七千個主要超導磁鐵之間的接合處打開，進行修理後再組裝回去。這麼一來，超導磁鐵就能支援更高流量的電流，以便傳送能量達 7 TeV 的單一質子束。

　　愛因斯坦的祕書杜卡絲有次問他能不能給她一個相對論的簡單解釋，好讓她回應記者的多番發問。愛因斯坦想了一下，然後提議她這麼說：「和美女坐在公園長椅上一個小時，感覺就像一分鐘；但坐在熱火爐上一分鐘，感覺就像一小時。」[5]

　　此刻，在費米實驗室和 CERN 的合作團隊裡的上千位物理學家之間，緊張和興奮的情緒顯而易見。已經超過十年沒有發現任何新粒子了，自從 LEP「驚鴻一瞥」希格斯粒子之後，已經過了將近十一年，而現在新物理學的希望卻近得叫人心癢難耐。還要等多久呢？六個月？一年？還是兩年？這絕對是像是坐在「熱火爐」上等待一般。

　　或許水壩潰堤，終究是無可避免的事。

　　哥倫比亞大學的數學物理學家沃特在二〇〇六年出版了暢銷書《邌論錯誤》，對當代的弦論進行評論。書出版後，他就開始經營一個以高能物理學為主題的部落格。二〇一一年四月二十一日，他收到一篇匿名貼文，內容包括一份供 ATLAS 團隊內部討論之用的論文摘要，這篇論文宣稱已經找到了希格斯玻色子的四標準差證據，且其質量為 115 GeV。

　　這次可不是惡作劇。這篇論文出自 ATLAS 團隊裡的一支物理學家小組，小組成員來自威斯康辛大學麥迪遜分校，領導人是吳秀蘭。在二〇〇〇年 LEP 即將退役時，阿列夫合作團隊曾有緣「一瞥」希格斯粒子，當時吳秀蘭也是其中一員。吳秀蘭相信自己曾經在某個能量區間目睹幾許蛛絲馬跡，所以她後來回頭特別注意那段能量區間，自然不是出於巧合。

　　然而還是有兩個問題。第一個問題純屬物理範疇，從二〇一〇年到一一年的年初，總共蒐集到大約 64 pb⁻¹ 的資料，所觀測到的粒子質量落在所謂「雙光子」的範圍內。

　　在 7 TeV 的能量等級，發生在 LHC 裡的質子對撞其實包含了夸克對撞和膠子融合，理論上能產生希格斯玻色子。希格斯粒子的「衰變頻道」與質量相關，大質量希格斯粒子的衰變頻道可能會產生兩個 W 粒子和兩個 Z 粒子；但是對 115 GeV 的小質量希格斯粒子來說，能量並不足以企及上述的衰變頻道，於是只能透過其他路徑衰變。其中一種衰變路徑會產生兩個高能光子，這樣的雙光子事件寫成「H → γγ」，H 代表希格斯粒子，γ 則代表高能光子。

　　問題在於，對此特定衰變頻道而言，物理學家所觀測到的比例，比標準模型所預測的要大上約略三十倍。

　　在標準模型裡，希格斯粒子要衰變成兩個光子主要是透過 W 玻色子「迴圈」，W 玻色子會在此過程中產生、而後湮滅。理論預測，這種衰變路徑應該非常罕見，大約只占所有可能衰變路徑的 0.2 而已。如果這真的是希格斯粒子，那麼它衰變成兩個光子的可能性，不知為何大幅增加了。或許我們需要新的粒子（比如說，第四，甚至第五代的夸克和輕子）才能解釋。

　　第二個問題則是這起洩露事件本身。遭洩露的是一份內部文件，也就是所謂的「ATLAS 合作團隊內部通訊」（簡稱為「通訊筆記」），用來在內部快速散布未經檢查或核可的實驗結果，所以完全不能看待成 ATLAS 團隊的「官方」意見。後續對於數據的檢查與再分析可能會完全推翻實驗結果，連動筆

寫正式論文的機會都沒有。

　　就在復活節的長周末來臨前，部落格之間開始流傳遭洩露的通訊筆記的相關消息；僅僅幾天之內，高能物理學部落客和他們的讀者就討論得沸沸揚揚。在二〇〇九年時，多里戈曾經預測希格斯粒子發現的消息會首先透過部落格揭露，他認為自己的預測成真了，但他仍然高度懷疑希格斯粒子是否真的已被發現，所以決定拿出一千美金，和五百美金對賭，打賭進一步的資料將顯示在雙光子衰變頻道內，並不存在 115 GeV 的新粒子。

　　在四月二十四日復活節的星期日這天，英國主流媒體接手報導了此事。巴特沃斯來自倫敦大學學院，是 ATLAS 合作團隊裡的一名物理學家，他提供了一篇平衡報導給英國的第四頻道新聞，他說：「事情是這樣的，這裡有一大堆人連續四個晚上沒睡，他們對實驗結果有些穿鑿附會，而且興奮過頭了，於是透過內部筆記，把他們認為的情況在合作團隊裡頭四處散布。這本身是件好事，每個人都很興奮，但消息不幸洩露了出去。在那一刻，真是群情激昂。」[6]隔天，多家報紙都刊登了相關報導。

　　巴特沃斯在他替《衛報》寫的部落格文章裡進一步說明：「保持超然的科學方法有時是很困難的，如果我們不能永保思慮清晰，圈外人會感到興奮也就不足為奇了。這就是為什麼我們會有內部檢查機制、進行再分析的獨立團隊，還有外部同儕審查、重複實驗等等設計的原因。」[7]

　　很快也出現了相反的謠言。一個法國的高能物理學部落格

在四月二十八日宣稱，ATLAS 的物理學家在檢驗過更多的資料後，發現希格斯粒子的據證消失了。五月四日，《新科學人》雜誌的記者席加在網路上張貼了一則新聞條目，說他看見一份洩露自 CMS 合作團隊的文件；文件指出，在搜尋過實驗資料後，他們「一無所獲」。[8] 有興趣的觀察者可以透過這些洩露事件，瞥見 ATLAS 和 CMS 合作團隊內部的混亂拉鋸。

ATLAS 合作團隊於五月八日釋出了一份官方更新，說明他們從二〇一〇到一一年總共蒐集到 131 pb^{-1} 的資料，而在這些資料裡，的確是一無所獲；雙光子事件的質量分布圖顯示，這些資料裡並沒有出現意料之外的事件。巴特沃斯在隨後發表的部落格文章裡說，像這樣的落空結果其實並不叫人意外，因為就連標準模型都預測看見新玩意的時候還未到，但我們可以預期「就快了」。「所以請繼續鎖定雙光子事件的質量分布，」他寫道，「不過在穩固的實驗結果出爐之前，先別急著開香檳。」[9]

看來真的不必等太久。LHC 在四月二十二日午夜，創下瞬間亮度的新世界紀錄，每秒每平方公分的撞擊事件達 4.67×10^{32} 次，也就是每秒 467 mb^{-1}（1mb 等於百萬分之一邦）。當晚的工程師負責人名叫龐塞，她在小時候曾經造訪過 CERN，於一九九九年加入實驗室，進行博士研究。「我從來沒想過，有一天會由我來按下操作 LHC 的按鈕。」[10] 她說。

當時是午夜，只有少數幾個還待在 CERN 控制室裡的人見證了那個時刻。龐塞大喊大叫、手舞足蹈，就像青少年一樣，在空中揮舞雙臂。

　　亮度之所以能有戲劇性的增加，是因為超級質子同步加速器將更多、更多的質子「團」，分別注入繞行 LHC 的兩道質子束裡。到了五月三日，亮度峰值又再度攀上顛峰，來到每秒 880 mb⁻¹，其中每道質子束都含有七百六十八個質子團；在五月底前，就出現了每秒 1260 mb⁻¹ 的亮度峰值紀錄。

　　更進一步解釋，7 TeV 能量等級的非彈性質子對撞的截面大約是 60 mb（等於 0.06 b）；所以每秒 1260 mb⁻¹ 的瞬間亮度就意味著每秒有 $1260 \times 10^6 \times 0.06$ 次撞擊，超過**七千五百萬**次。如果我們設定希格斯粒子的生成截面在 7 TeV 的能量等級下為 9 pb，＊那麼這個瞬間亮度代表每秒將會生成 $1260 \times 10^6 \times 9 \times 10^{-12}$（等於 0.011）個希格斯玻色子；換句話說，**平均每九十秒就會產生一個希格斯玻色子**。

　　洩露的文件造成了轟動，大眾也因此對「重量級」結果的正式宣布流程感到興趣。CERN 的通訊主管吉利斯向《新科學人》雜誌解釋，任何類似的實驗結果都會先經過發現的合作團隊（ATLAS 或 CMS）內部討論並同意後，再通知 CERN 的總幹事，然後傳達給另一組合作團隊，進行實驗結果的驗證，接下來消息才會傳給其他實驗室的主管和出資的各個會員國。最

＊這個值是在 7 TeV 能量等級下的推薦值，由「LHC 之希格斯截面工作小組」所提出。理論上，希格斯粒子可以在膠子與膠子的融合過程中產生，而依據希格斯粒子的不同質量，計算求得的生成截面大小也不同，從 115 GeV 質量下的 18 pb，到 250 GeV 質量下的 3 pb 左右。在希格斯粒子質量範圍內的生成截面平均值，大約就是 9 pb。

後 CERN 會透過內部座談會宣布發現，到了這個時候，知情的人數就會達到數千人，所以消息幾乎是不可避免，絕對會從某處洩露。

那麼，水壩下一次會從哪裡潰堤呢？

到了六月十七日，LHC 的每一組探測器合作團隊都達到累計 1 fb⁻¹ 資料的里程碑，而這本來是整個二○一一年的目標。「我不認為我們把目標訂得太低，」修爾在年中談話時向他的職員解釋，「我認為我們的目標合情合理，但不夠樂觀。我得說，我生來就是個樂觀主義者，但對我而言，機器運轉得比我預期的還要好。」[11]

但是對艾萬斯來說，這並沒有讓他太驚訝。「LHC 的工作效能超乎所有人的預期，但不包括我，」他這麼聲稱，「我非常高興。」[12] 艾萬斯於一九六九年加入 CERN，參與一九八四年的洛桑研討會，自 LHC 計畫的創始之初，他就是其中一員，並且從一九九三年開始主持這項計畫。真是百感交集的一趟旅程。

隨著大量實驗資料送進 ATLAS 和 CMS 團隊，眾人的期望也達到前所未有的高峰。如果希格斯玻色子的質量範圍在 135 – 475 GeV 之間，那麼現有的資料應該就足以提供具三標準差的證據了；不然這些資料應該也足夠以百分之九十五的信心水準，將希格斯粒子排除在 120 – 530 GeV 之外。展望二○一二年年底，看來無論會是哪一種情況，都絕對要塵埃落定了。

「在我心裡，希格斯粒子的莎士比亞問題：『存在，或虛

218

無』，等到了明年年底，就會有答案了。」修爾說。[13]

這時，所有人的注意力都轉向歐洲物理學會在法國格勒諾勃舉行的高能物理學會議。會議預定將於七月二十一日舉行。

ATLAS 和 CMS 合作團隊都擁有超過 1 fb⁻¹ 的資料，歐洲物理學會的會議提供了第一次機會，讓這兩組團隊分享他們分別有什麼發現。數百位物理學家在幾個禮拜內不屈不撓（也幾乎是不眠不休）地進行分析，積聚的資料正代表了他們的辛勤和承諾，因此這兩組合作團隊才能夠將實驗成果呈現在大家眼前。

如果真有希格斯玻色子（或許有好幾種希格斯玻色子），那麼物理學家顯然還沒「找到」它們。相反地，希格斯粒子的可能質量範圍終於第一次獲得縮減，而物理學家接下來要尋找的質量範圍只會愈來愈小，到最後，希格斯粒子終將無處可藏。

ATLAS 合作團隊現在能夠以百分之九十五的信心水準，將標準模型的希格斯玻色子質量排除在 155 – 190 GeV，以及 295 – 450 GeV 之外。這個發現本身就已經是個相當重大的成果，因為在這麼廣闊的能量範圍裡竟然什麼都找不到，這就像是把貓放進鴿群裡，一定會引起軒然大波；許多物理學家認為這裡頭所牽涉到的物理學，將超出標準模型所及。

不只如此，ATLAS 的實驗資料同時也顯示，在 120 – 145 GeV 的背景之上，出現了與背景預測不符合的突出事件。可能的原因有很多，比如說分析錯誤、無法正確預測或計算背景

事件的誤差，或探測器的系統不確定性。又或許，這其實是某種東西潛伏在這個能量區間內的第一個暗示，而這種東西有可能是標準模型裡的希格斯玻色子，也許甚至還不只一種。

這些突出事件可以歸因到兩種不同的希格斯衰變頻道，一種牽涉到一個希格斯粒子衰變成兩個 W 粒子、再接著衰變成兩個帶電輕子和兩個微中子的過程（寫作 H → W⁺W⁻ → $\ell^+\nu\ell^-\nu$，H 代表希格斯粒子，ℓ 是輕子，ν 是微中子）*；另一種衰變頻道的發生機率較小，過程中有一個希格斯粒子衰變成兩個 Z⁰ 粒子，再衰變成四個帶電輕子（寫作 H → Z⁰Z⁰ → $\ell^+\ell^-\ell^+\ell^-$）。†若標準模型的希格斯粒子具有足夠的質量，那麼前者便會是預期中的主要衰變頻道，但是當然微中子和反微中子只能靠推測得知（因為它們無法偵測），而且在此頻道中分辨真實的希格斯事件和背景事件是難如登天的一件事，所以呢，這個衰變頻道對於排除希格斯粒子的質量範圍只貢獻了一部分。

第二種衰變頻道就清楚多了，事實上，物理學家甚至還稱之為「黃金」頻道。之所以得到這番名號，是因為這種衰變頻道和背景事件幾乎完全無關，所以有潛力提供非常精確的希格斯粒子質量。黃金頻道相當罕見，只有約略千分之一的希格斯

---

* 輕子和微中子是一起生成的。舉例來說，W⁻ 粒子會衰變成電子或緲子，以及一個對應的反微中子；而 W⁺ 粒子則會衰變成正子或反緲子，以及一個對應的微中子。

† 同理，輕子也是共同生成的：電子和正子一起，緲子和反緲子一起。

粒子會以這個方式衰變。

在 ATLAS 合作團隊所整合的資料裡，觀測到的突出事件在背景之上只具有二・八標準差，這種成績無法視為三標準差「證據」，更是遠遠不及宣稱發現所需的五標準差，不過這仍然是個很強烈的暗示。至於 CMS 那邊又有何進展呢？

CMS 合作團隊宣布以百分之九十五的信心水準，排除 149 – 206 GeV，以及 200 – 300 GeV 和 300 – 440 GeV 的大部分範圍。在 CMS 合作團隊所整合的資料裡，同樣在 120 – 145 GeV 的範圍內出現了有趣的突出事件，這部分的標準差數據難以估算，但是比 ATLAS 團隊所宣稱的要略小一些。

這真是激勵人心，因為在格勒諾勃會議之前，ATLAS 和 CMS 合作團隊採取的是獨立且祕密的研究方式，他們相互競爭，最後卻得到幾乎相同的發現。

當然還有很長的路要走。在發表實驗結果之後，ATLAS 和 CMS 合作團隊的成員聚在一起開香檳慶祝，並討論他們的下一步。他們決定召集一個工作小組，負責整合兩組合作團隊的實驗成果，並更新資料，以提供更具決定性的評估。

LHC 仍在繼續打破自己的紀錄，峰值亮度在七月三十日達到每秒 2030 mb^{-1}（每秒超過一億兩千萬次質子對撞）。儘管穩定度出了些問題，但到了八月七日，對撞機就替 ATLAS 和 CMS 兩組團隊各取得超過 2 fb^{-1} 的資料，這已經是在歐洲物理學會會議上所分析、顯示的兩倍。

整合且更新後的實驗成果將及時備妥，以迎接下一場夏日大會。第十五屆高能輕子－光子交互作用國際研討會預定將

於八月二十二日，在印度孟買的塔塔基礎研究院舉行。

　　看來在幾個月內，莎士比亞的問題就會有答案了。

　　愛因斯坦曾說：「上帝難以捉摸，但並不心懷惡意。」＊
尋找希格斯粒子的歷程是一段冒險故事，雖然這段冒險故事的
下一篇章或許不會讓我們發現滿懷惡意的神的存在，但隨著事
件發展，我們倒很有理由指控上帝耍了點心機。

　　在孟買會議的前幾個星期，又開始有謠言在部落格之間
流傳。據說 ATLAS 和 CMS 兩組團隊整合後的資料顯示，在
135 GeV 的能量之處，希格斯粒子的跡象變得**更**明確了，似乎
暗示有突出的希格斯粒子衰變事件，而且顯著程度超過三標準
差。眾人的期望隨之高漲，雖然三標準差的證據還不足以宣稱
「發現」，但或許我們可以觀察那些身處實驗最前線的物理學
家，從他們的信心程度來判斷，看他們是否相信這就是貨真價
實的「那個」粒子。

　　我在愛丁堡和希格斯見面，那是個潮濕的星期四午後，就
在孟買會議即將開始的前幾天。希格斯已經於一九九六年退
休，但仍然居住在愛丁堡，鄰近他在一九六〇年首次成為數學
物理學講師的大學學系。他現年八十二歲，依舊活力充沛。我
們坐在一間咖啡館裡，同席的還有他的同事兼友人沃克，我們
談論著他的經歷，以及他對未來的期望。

＊這段話的德文原文刻在普林斯頓大學數學系系辦一個房間的火爐
　上，以茲紀念愛因斯坦。

　　希格斯在一九六四年發表了那篇重要論文，從此這個粒子便永遠背負著他的名字。＊他等待某種證據，已經等了四十七年了。我們談到對孟買會議的期盼，也談到我們的樂觀處境，或許某個重大的發現就要出現了。「現在的我已經很難和當年（一九六四年）的我連結了，」他解釋道，「但這一切即將結束，我感到如釋重負。如果能在這麼久以後證明我的理論正確，那就太好了。」[14]

　　要是能找到希格斯玻色子，那麼希格斯機制絕對會被授予諾貝爾獎的榮耀，所以許多人開始熱烈討論，在這些皆有所貢獻的物理學家之中（恩格勒、希格斯、古拉尼、哈庚以及基博爾），† 究竟會是誰得到諾貝爾委員會的青睞。我們聊到很可能會引來爆發性的注目，焦點圍繞著在孟買宣布的決定性正面成果，以及隨後來自瑞典學院的得獎公告；到時愛丁堡大學的新聞中心一定會積極參與，要是事情一發不可收拾，希格斯會乾脆拔掉電話線，並且拒絕應門。

　　不過，看來採取這些極端手段的時候就是還沒到。當孟買會議於接下來的星期一（八月二十二日）開始舉行時，CERN 的通訊主管吉利斯發出了一則新聞稿，但不如 CERN 在格勒諾勃會議上所承諾，新聞稿裡對 ATLAS 和 CMS 兩組團隊的整合資料隻字未提。在這兩次會議之間，他們又蒐集了超過 1

＊ 不過要到一九七二年，他預測的粒子才以「希格斯玻色子」之名
　　廣為人知。

† 可惜的是，布繞特已於二〇一一年五月因久病去世。諾貝爾獎不
　　頒發給已逝的人，而且每個獎項最多只能由三人共享。

fb⁻¹ 的撞擊資料，而在先前觀察到突出事件的小質量範圍（約 135 GeV）之處，突出事件的有效性確實**下降**了。「現在我們對更多資料進行了分析，這些波動的有效性略微下降。」新聞稿相當嚴肅地如此宣稱。[15]

這叫人很難不失望。希格斯粒子存在的線索在格勒諾勃浮現，但到了孟買，這些線索卻變得沒那麼顯著了。在八月底之前，效能出眾的 LHC 已經提供了超過 2 fb⁻¹ 的資料給每一座探測器設備，使得眾人心生期望，認為「莎士比亞的問題」或許很快就會有答案，但上帝顯然決定要「心懷惡意」。事情沒這麼容易。

雖然現在每一組探測器合作團隊都捕獲了超過一百四十兆筆質子對撞資料，但物理學家還是只能和極少數的突出事件苦苦纏鬥，而且這少少幾次事件的統計結果很容易激烈起伏，因為只要有幾次小改變，就足以造成大不相同的結果。

舉例來說，丟銅板的統計結果似乎非常直觀，我們都知道丟出正面和反面的機會是一半一半；然而，如果我們只丟個幾次，就算看見連續出現很多次正面或反面，我們也不該感到驚訝。這並不是說銅板不為「真」，只意味了我們觀察的丟銅板次數太少了，還不夠提供具代表性的樣本。只要蒐集到更多資料，我們便會預期任何突出的事件都會逐漸消失。

在孟買發表的成果也不代表標準模型的希格斯粒子就不存在，畢竟在 115 – 145 GeV 的能量範圍內，還是有突出的事件存在。只不過物理學家也承認，對 LHC 而言，這段能量區間一直存在許多分析上的困難處。

我們能做的事只有一件：再耐心一點，等待更多、更多的資料。希格斯已經等了四十七年，再多等幾個月也無妨。

LHC 運轉過二〇一一年的夏天，繼續邁入秋天，效能仍然超乎預期，峰值亮度達到每秒 3650 mb^{-1}。質子對撞程序執行到十月三十一日為止，每一組探測器合作團隊都從三百五十兆次質子對撞裡，積聚了超過 5 fb^{-1} 的資料。

但這麼多的資料反倒隱約令人感到擔心，孟買的經驗已經動搖了眾人的信心。自從孟買會議後，CERN 就沒有對希格斯粒子發布過任何消息，接下來似乎也沒有什麼要宣布的。ATLAS 和 CMS 兩組團隊承諾已久的整合資料終於公開了，但是裡頭找不到新鮮事，也只能查詢早在七月就能取得的那 2 fb^{-1} 的資料，而整合資料組現在已經增長了有超過五倍之多。

二〇一一年九月二十三日，進行阿普拉實驗＊的一群物理學家宣布了一項測量結果，反倒引起一陣興奮。阿普拉實驗的儀器深埋在義大利中部亞平寧山區的大沙索山底下，物理學家在那裡艱辛地測量緲子微中子的速度，而這些緲子微中子是由七百三十公里之外的 CERN 產生的。結果顯示，微中子穿過地球、抵達目的地時，速度比光速還要稍微**快**了一些。

當眾人在爭論超光速微中子的時候，CERN 的其他物理學家正試圖解釋，何以「沒發現希格斯粒子」這件事仍能代表高

＊ 該實驗的全名為「乳膠追蹤儀振盪計畫」，「阿普拉」是其中主要字母拼湊而成的暱稱。這是 CERN 和義大利大沙索國家實驗室合組的一組合作團隊。

能物理學的一大進展。在某個程度上，這當然會削弱標準模型的權威性，理論學家也必須重拾繪圖板重新塗塗改改，但即使我們如此期盼，「沒發現」就是沒辦法和「發現了**什麼**」相提並論。

前景相當黯淡，所以當 CERN 宣布將和各會員國的代表進行會議，以討論尋找希格斯粒子一事的最新發展，顯然沒有激起太多熱情。會議排定在二○一一年十二月十二日舉行，第一天的議程平靜地結束了，但吉亞諾蒂和桐迺立預定要在第二天發表公開談話，這似乎就有點值得期待了。會不會其實他們有什麼有趣的事要告訴大家？

十二月十三日星期二，來自世界各地的媒體聚集在 CERN。報告內容太技術性了，相當無趣，記者無疑因此感到有點茫然，然而結論卻相當引人注目。

在結合了數個希格斯粒子可能的衰變頻道資料後，ATLAS 合作團隊發現了一次突出事件，以質量為 126 GeV 的希格斯粒子來說，這次突出事件相對於預測背景，具有三‧六標準差；CMS 也回報發現了整合的突出事件，對質量相當於 124 GeV 的希格斯粒子，在統計上的有效性略低於二‧四標準差。

然而物理學家還是呼籲大家別高興得太早。「這次突出事件可能是背景隨機起伏所致，」吉亞諾蒂說，「但是它也可能是更有趣的某種東西。我們在現階段無法下結論，還需要更多研究和更多資料。以今年 LHC 優異的效能來看，不必等太久就可以蒐集到足夠的資料，我們可以期望在二○一二年解決這個難題。」[16]

　　修爾解釋道：「兩組實驗中，（手上的資料）在數個衰變頻道都出現了耐人尋味的暗示，但請謹慎看待。我們還沒發現希格斯粒子，但我們也還沒排除它的存在。明年請繼續鎖定我們的消息。」[17]巴特沃斯告訴英國第四頻道新聞：「我們都相當興奮，因為看起來很有希望，而且就像修爾說的，一樣的情況竟同時出現在好幾個不同的地方。不過我們還是需要再多丟幾次骰子。」[18]

　　希格斯本人也回應了這場「派對」：「這個嘛，我不會跑回家開瓶威士忌藉酒澆愁，但我也不會回家砰地一聲打開香檳！」[19]

　　多里戈在同一天張貼了一篇部落格文章，宣稱實驗成果是「堅實證據」，證明標準模型的希格斯粒子之質量大約是 125 GeV。[20]多里戈此舉在部落格之間引起了一番短暫但激烈的言詞交鋒，美國理論學家史崔斯勒採取較為保守的觀點，他認為多里戈使用「堅實」這個字眼是毫無根據的，他說：「如果他是說『有些初步證據』，那就沒什麼問題，但對我而言，他的講法已經逾矩了……」[21]

　　事實上，每位物理學家都呼籲大家保持謹慎，但也有許多人準備要賭一把，就像巴特沃斯對我說的：「我們的確還需要更多資料才能確定，但是我個人倒願意打個賭。這得看你的賭性有多堅強。」[22]

　　至少，此時我們很有樂觀看待的理由。LHC 被排定在二〇一二年四月重新啟動，眾人的注意力又要再次聚焦到夏日的盛大會議上了。

二〇一二年二月，在一場於沙木尼舉行的研討會上，LHC下一階段的物理學實驗參數拍板定案。經過前一年高度成功的運轉後，工程師這下對這座機器的能耐信心大增，同意將質子對撞的總質量推進到 8 TeV。這麼高的能量預期能夠提高希格斯粒子的生成率至多百分之三十，即使考量到因此而增加的背景事件，整體而言還是可以提高百分之十到十五的靈敏度。他們的目標是要在這一年內，以這個較高的碰撞能量蒐集 15 fb^{-1} 的資料。這麼一來，資料量就絕對足夠替尋找希格斯粒子的旅程畫上句號。

阿普拉實驗的超光速微中子於二月二十二日被揭露原來是一場錯誤。一段鬆脫的光纖造成時間量度上的些微延遲，使得回報的微中子飛行時間減少了大約十億分之七十三秒。等光纖修復好之後，測量結果就完全和理論一致了，微中子的速度再次回到光速。

在很大程度上，這是高能物理學的冒險故事裡一次令人尷尬的結論，但是世界各地的物理學家都鬆了好大一口氣，愛因斯坦狹義相對論的正確性被守住了。阿普拉合作團隊裡幾個備受矚目的成員因此辭去職務。這次事件是一記當頭棒喝（如果我們需要當頭棒喝的話），讓我們知道，如果精巧的物理學實驗大張旗鼓地宣布了某項發現，後來卻被證明是錯的，那麼會造成怎樣的下場。

LHC 在三月十二日重新啟動，八天後就達到了 8 TeV 的對撞能量；質子物理學實驗在四月中熱切開跑，瞬間峰值亮度衝上每秒 6760 mb^{-1}。雖然低溫設備有些技術問題，使得資料

蒐集的進度稍微落後，但到了五月底，LHC 就開始**每周**提供 1 fb⁻¹ 的驚人資料量給每一組探測器合作團隊。

第三十六屆國際高能物理大會將於七月四日在澳洲墨爾本舉行，CERN 的氣勢正在集結，準備要在會議上宣布研究成果。六月十日是「截止日」，在這一天之後蒐集的資料就不可能來得及在會議前完成分析，而在之前，LHC 已經分別提供了大約 5 fb⁻¹ 的資料給 ATLAS 和 CMS 兩組團隊，這個資料量和二〇一一年一整年蒐集到的一樣多。

無可避免的是，高能物理學的部落格上又開始出現謠言。沃特回報道，有傳言指稱物理學家再次見到希格斯粒子的強烈暗示，二〇一一年的全部資料和二〇一二年約略半數的可得資料顯示，在 H → γγ 衰變頻道有突出事件，而且具有四標準差的統計有效性。這個傳言引起的猜想日趨強烈，所有跡象都顯示，ATLAS 和 CMS 合作團隊距離足以宣稱「發現」的五標準差，同樣都只差了一點。如果這是真的，那麼只要結合兩組合作團隊的研究成果，或許就能輕輕觸碰到最終結論：他們找到了某種很像是希格斯粒子的東西。

但是這兩組合作團隊會走這一步嗎？如果不，那麼在取得更多資料之前，這件事還是沒有正式解決。這將讓部落客有運作空間，可以自由發表相當合理、但絕對非官方的資料組合，而這些部落客或許會發現自己正在宣稱一項未經官方認可的「發現」。這種情況在科學史上前所未見。

接著，CERN 出其不意地宣布將在七月四日，於日內瓦的實驗室舉行一場特別研討會，替國際高能物理大會「揭幕」。

研討會或許將會提供訊息更新，說明 ATLAS 和 CMS 兩組團隊對希格斯粒子的研究成果，會後還將召開一場記者會。希格斯、恩格勒、古拉尼、哈庚與基博爾全都受邀出席研討會。*

　　很顯然這就是跡象，其中一組探測器合作團隊（或兩組同時）達到了宣稱發現所需的五標準差有效性。真是如此嗎？這下猜測滿天飛。費米實驗室的物理學家不甘示弱，提醒我們正反質子對撞機的兩組合作團隊（D0 和 CDF）都在較低的碰撞能量累積了幾乎 10 fb^{-1} 的資料。在三月於法國蒙利沃舉行的一場會議上，費米實驗室的物理學家揭露了具二‧二標準差的突出事件，位於質量範圍 115 – 135 GeV，他們特別強調衰變成兩個底夸克的過程，因為背景太過強大，這種衰變頻道在 LHC 是難以發現的。後來在七月二日（CERN 將有重大宣布的兩天前）的一場研討會上，費米實驗室的物理學家宣稱在改善分析方法之後，他們將標準差推進到二‧九。當然，這並不足以聲稱為「發現」，但無疑替任何後續的發現提供了強力的背書。

　　七月四日當天，我在自己的辦公室裡，安穩地觀賞 CERN 的實況網路轉播，同時透過多里戈在研討會現場進行的即時部落格轉播，追蹤觀眾的反應。

　　修爾宣布，基於好幾個理由，今天是個特別的日子。畢

---

* 基博爾當天另有要事，希格斯、恩格勒、古拉尼和哈庚全都到場。

竟這是史上第一次，國際物理會議的「揭幕」是在另一個大陸，透過影像連結的方式進行。

首先上場的是印卡德拉，他是加州大學聖塔芭芭拉分校的物理學教授，以 CMS 的發言人身分出席。他看起來很緊張，似乎意識到自己正站在歷史舞台的正中央。但隨著他進入狀況，緊張感就緩和下來了。

他的演說理所當然的花了很大篇幅提及這些實驗叫人迷惑的複雜度，如果單刀直入總結實驗成果（也就是莎士比亞問題的解答），那就是不尊重所有參與其中的人員心血，這些人負責運轉 LHC、操作探測器、設定驅動器、處理堆積如山的事件、計算背景、處理世界各地的電腦網格、執行精密分析，而且都沒怎麼睡覺。印卡德拉花了不少時間說明這些技術面向，彷彿是在向所有人保證，他即將揭露的是毫無疑慮的成果。

等他終於切入重點，結果令人相當振奮。將二〇一一年的 7 TeV 以及二〇一二年的 8 TeV 碰撞能量的資料結合後，在 $H \rightarrow \gamma\gamma$ 衰變頻道中發現 125 GeV 附近，出現了有效性為四·一標準差的突出事件；至於 $H \rightarrow Z^0 Z^0 \rightarrow \ell^+ \ell^- \ell^+ \ell^-$ 衰變頻道，結合的資料則出現有效性為三·二標準差的突出事件。將這兩種衰變頻道的資料合起來看，突出事件的有效性就達到了五標準差，而依照標準模型的預測，具有這樣質量大小的希格斯粒子的有效性為四·七標準差。「結果是五，真是太好了。」印卡德拉說。[23]

房間裡爆出一陣掌聲。

　　還有一些和其他衰變頻道有關的進一步成果要發表，但這些都只不過是錦上添花。結合後的研究成果如圖 27(a) 所示，圖上的縱軸是「p 值」（用以表示統計數據中有效性的值），橫軸為希格斯粒子的質量。

　　時間緊迫，這時研討會迅速交給第二組探測器合作團隊，吉亞諾蒂上台發表 ATLAS 的實驗成果。她也提及大致相同的背景，強調技術層面在實驗中的重要性。我為了一個奇特的事實而感到震驚：雖然全部的資料有 10.7 fb^{-1} 這麼多，在 H → γγ 衰變頻道的 126 GeV 之處，預期的突出事件據估計只有區區一百七十次，而在同樣能量下，背景事件次數則預期會有六千三百四十次。突出事件所占的比率竟不到百分之三。

　　吉亞諾蒂的演講重點和她在 CMS 團隊的同事大同小異，將二〇一一年和二〇一二年的資料結合後，在 H → γγ 衰變頻道的 126.5 GeV 之處，出現具四・五標準差的突出事件，有效性比標準模型的預測值略高（約為兩倍大）；至於 H → Z^0Z^0 → $\ell^+\ell^-\ell^+\ell^-$ 衰變頻道的對應資料，則是在 125 GeV 處產出三・四標準差的突出事件。結合這兩種衰變頻道的資料，便得到五標準差，而標準模型的預測為四・六標準差。實驗結果總結在圖 27(b)。

　　兩組團隊都找到了足以宣稱為「發現」的五標準差證據。現場響起更多掌聲。

　　修爾宣布：「身為一位門外漢，我會說：『我覺得我們找到它了。』諸位同意嗎？」[24] 幾乎無庸置疑，某種非常像標準模型希格斯粒子的東西被發現了，而對門外漢而言，這當然就

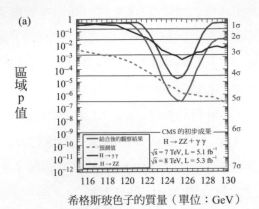

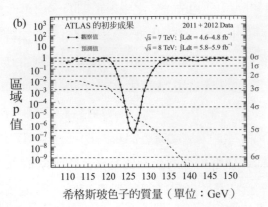

圖 27 二〇一二年七月四日，CMS 和 ATLAS 合作團隊發表的初步成果。這些圖的縱軸顯示了「p 值」（用以代表統計資料的有效性的值）的變化，橫軸則是希格斯粒子的質量。(a) CMS 的實驗成果，顯示 H → γγ 和 H → Z^0Z^0 → $\ell^+\ell^-\ell^+\ell^-$ 衰變頻道，以及兩者結合後的突出事件，由圖可見結合後即達到至關重大的五標準差等級。虛線表示的是標準模型希格斯粒子預測中的突出事件。(b) 來自 ATLAS 的類似圖型，顯示出大同小異的成果。（圖片版權為 CERN 所有）

是「它」，但是物理學家的標準更高。他們現在相當小心翼翼，對此時的宣布究竟屬於哪一類發現不願妄下定論，而在隨後的記者會上，當面對記者的溫和懲恿，他們仍然堅守結論，只肯說這個新粒子和希格斯粒子的行為**一致**。他們拒絕回答究竟它是否**就是**希格斯粒子。

　　簡單的事實就是，這個新玻色子的質量介於 125 – 126 GeV 之間，而且和其他標準模型粒子的互動方式，完全就是希格斯玻色子預測的模樣；除了 H → γγ 這個衰變頻道被觀察到超出預測的增強現象，這個新玻色子衰變成其他粒子的模式，比例與預期中的標準模型希格斯粒子相同。雖然 ATLAS 和 CMS 實驗都很清楚這是個玻色子，但兩邊都不清楚它確切的自旋量子數，有可能是 0，也有可能是 2。話又說回來，唯一被預期自旋為 2 的粒子是重力子，也就是傳說中媒介重力的粒子，所以自旋 0 比較有可能。套用魯比亞的話，我們或許會基於一些理由，而想要這麼宣稱：「它看起來像標準模型的希格斯粒子，聞起來也像標準模型的希格斯粒子，它非標準模型的希格斯粒子莫屬。」

　　事實上，這些實驗成果代表了開啟另一段漫長旅程的重大里程碑。這個新發現的玻色子在全世界的眼裡都像是希格斯玻色子，但它是**哪一種**希格斯玻色子？標準模型只需要一種，用來打破電弱對稱性，而最小超對稱標準模型則需要五種，其他理論模型也有不同的數量需求。想查出我們已經發現的到底是哪一種粒子，唯一的辦法就是在更進一步的實驗裡，發掘它的特性和行為模式。

CERN 的新聞稿說：[25]

我們將需要大量的時間和資料，才能積極辨識這個新
粒子的特徵。但無論希格斯粒子的型式為何，我們對
物質基礎結構的理解，都將向前跨出一大步。

研討會在完全實至名歸的喝采和自我恭賀聲中落幕了。
有人詢問希格斯的看法，他先是恭喜實驗室達成了非凡的成
就，然後他說：「能在我有生之年目睹此事發生，真是不可思
議。」[26]
　　我們費盡心力尋求實體物質之基本特質的重大篇章就要結
束了，而精采刺激的全新篇章，才正要展開。

質量從何而來

這個世界是由什麼組成的？

在三〇年代中期，我們會這麼說：世上所有實體物質都是由化學元素組成的，而每一種元素都包含原子；每一個原子都有原子核，原子核的組成成分則是數量不定的正電質子以及不帶電的中子；帶負電的電子環繞著原子核，受電性吸引力的束縛。每一個電子的自旋方向不是向上，就是向下，而每一個原子軌域都可以容納兩個自旋成對的電子。電子可以透過吸收或放射光子型式的電磁輻射，由一個軌域移動到另一個軌域。

我們還可以進一步解釋，在你掌上這個十八公克重的冰塊，它的重量是來自其中十・八兆兆個質子和中子加總後的質量。

事實上，原子核裡的質子和中子並不是基本粒子，它們是由具分數電荷值的夸克所組成的。質子包含有三個不同「風味」的夸克（兩個上夸克和一個下夸克）。夸克有不同的「色」，分別是紅色、綠色和藍色。質子裡的兩個上夸克和一個下夸克的色全都不一樣，合在一起的結果便是「白色」。中子包含一個上夸克和兩個下夸克，同理，這裡每一個夸克也都有不一樣的色。

夸克之間的色力是透過八種不同種類的粒子所媒介，這些粒子被統合稱作膠子。色力與一般熟悉的力不同，並不隨著夸克彼此靠近而增強，而是分離時才變強。質子和中子之間的強核力不過只是殘渣，是夸克之間的色力的「殘留物」。

CERN發現的新粒子強烈暗示，夸克是透過與希格斯場的

交互作用才得到質量。這些交互作用將其他零質量的夸克變成有質量的粒子，交互作用讓這些粒子有了**深度**，使得它們慢了下來；而這個抗拒加速的力量，就是我們所謂的質量。

但是夸克的質量相當微小，只占質子或中子質量的百分之一而已。另外百分之九十九是來自零質量膠子所媒介的能量，而這些膠子就在夸克之間快速移動，將夸克束縛在一起。

儘管質量是物質的內在特質，也是量度物質的方法，但在標準模型裡，質量的概念消失了。相反地，質量完全建構自基本量子場與場粒子間的交互作用之**能量**。

這套機制解釋了宇宙中所有粒子的質量如何建構，而希格斯玻色子是該機制的一部分。這世上的所有物質或許都包含夸克和輕子，但是物質最基本的本質來自與希格斯場的交互作用，以及交換膠子而獲得的能量。

若沒有這些交互作用，物質將轉瞬即逝，有如光子一般無形無體。而世間萬物，都不復存在。

注釋

序幕　組成與物質

1. 愛因斯坦，*Annalen der Physik.* I8 (1905), p. 639. 英文譯本引述自 John Stachel (ed.), *Einstein's Miraculous Year: Five Papers that Changed the Face of Physics*, Princeton University Press (2005), p. 161.

第一章　如詩般的邏輯概念

1. Auguste Dick, *Emmy Noether 1882-1935*, Birkhäuser, Boston (1981), p. 32. 英文版由 H.I. Blocher 翻譯。
2. 愛因斯坦寫給外爾的信，一九一八年四月八日；引述自 Pais, *Subtle is the Lord*, p. 341.
3. 德布羅意的博士論文：'Recherches sur la Théorie des Quanta', Faculty of Science, Paris University (1924), p. 10. 英文版由 A.F. Kracklauer 翻譯。
4. 愛因斯坦，一九三五年五月五日於《紐約時報》。

第二章　不是個好理由

1. 施溫格，於 Robert Crease 及 Charles Mann 的訪問，一九八三年三月四日，引述自 Crease and Mann, p. 127.
2. 費曼，於 Robert Crease 及 Charles Mann 的訪問，一九八五

年二月二十二日，引述自 Crease and Mann, p. 139.

3. 戴森給父母的家書，一九四八年九月十八日。引述自 Schweber, p. 505.

4. 費曼，p. 7.

5. 楊振寧，*Selected Papers with Commentary*, W.H. Freeman, New York (1983). Christine Sutton 引用在 Farmelo (ed.) *It Must be Beautiful*, p. 241.

6. 米爾斯，於 Robert Crease 及 Charles Mann 的電話訪問，一九八三年四月七日，引述自 Crease and Mann, p. 193.

7. 部分對話來自楊振寧於 International Symposium on the History of Particle Physics（Batavia, Illinois，一九八五年五月二日）的報告。

8. 引述自 Enz, p. 481.

9. 楊振寧，*Selected Papers with Commentary*, W.H. Freeman, New York (1983). Christine Sutton 引用在 Farmelo (ed.) *It Must be Beautiful*, p. 243.

10. 楊振寧與米爾斯，*Physical Review*, 96, 1 (1954), p. 195.

第三章　無法理解這理論的價值所在

1. 塞格雷，*Enrico Fermi: Physicist*, University of Chicago Press (1970), p. 72.

2. 拉比，引述自 Helge Kragh, *Quantum Generations*, p. 204.

3. 蘭姆，*Nobel Lectures, Physics 1942-1962*, Elsevier, Amsterdam (1964), p. 286.

4. Helge Kragh 在 *Quantum Generations*, p. 321 引述為「物理

傳說」。

5.　蓋爾曼與 Edward Rosenbaum, *Scientific American*，一九五七年七月，pp. 72-88. 日本物理學家西島和彥及中野董夫也在同時提出「奇異性」的概念（他們稱之為 η 電荷）。雖然後人習慣稱之為「奇異性」，但該理論有時亦稱作蓋爾曼－西島理論。

6.　格拉肖的哈佛大學博士論文 (1958), p. 75. 引述自格拉肖，*Nobel Lectures, Physics 1971-1980*，編者為 Stig Lundqvist, World Scientific, Singapore (1992), p. 496.

7.　蓋爾曼，於 Robert Crease 及 Charles Mann 的訪問，一九八三年三月三日。引述自 Crease and Mann, p. 225.

8.　蓋爾曼，加州理工學院報告 CALT-68-1214, pp. 22-23. 引述自 Crease and Mann, pp. 264-264.

第四章　對的想法，卻應用錯了問題

1.　南部陽一郎，p. 180.

2.　塞伯，於 Robert Crease 及 Charles Mann 的電話訪問，一九八三年六月四日。引述自 Crease and Mann, p. 281.

3.　蓋爾曼，於 Robert Crease 及 Charles Mann 的訪問，一九八三年三月三日。引述自 Crease and Mann, p. 281.

4.　蓋爾曼，於 Robert Crease 及 Charles Mann 的訪問，一九八三年三月三日。引述自 Crease and Mann, p. 282.

5.　茨威格，'An SU(3) Model for Strong Interaction Symmetry and its Breaking', CERN 預印本 8419/TH.412，一九六四年二月二十一日，p. 42.

6. P. W. Anderson, *Physical Review*, I30 (1963), p. 441，重新收錄於 E. Farhi and R. Jackiw (eds.), *Dynamical Gauge Symmetry Breaking: A Collection of Reprints*, World Scientific, Singapore (1982), p. 50.

7. 希格斯，出自 Hoddeson *et al.*, p. 508.

8. 希格斯，*Physical Review Letters*, I3, 509 (1964).

9. Sidney Coleman, 由希格斯引述在 'My Life as a Boson: the Story of the "Higgs"'，於 Inaugural Conference of the Michigan Center for Theoretical Physics 發表，二〇〇一年五月二十一至二十五日。

10. 希格斯，出自 Hoddeson *et al.*, p. 510.

11. 溫伯格，*Nobel Lectures, Physics 1971-1980*，編者為 Stig Lundqvist, World Scientific, Singapore (1992), p. 510.

12. 溫伯格，於 Robert Crease 及 Charles Mann 的訪問，一九八五年五月七日。引述自 Crease and Mann, p. 245.

第五章　我辦得到

1. 溫伯格，李爾普羅斯在 Michael Riordan 的訪問中轉述，一九八五年六月四日。引述自 Riordan, p. 211.

2. 格拉肖，*Nobel Lectures, Physics 1971-1980*，編者為 Stig Lundqvist, World Scientific, Singapore (1992), p. 500.

3. 特胡夫特，*In Search of the Ultimate Building Blocks*, Cambridge University Press (1997), p.58.

4. 韋爾特曼與 Andrew Pickering 的私人通信，引述自 Pickering, p. 178.

5. 特胡夫特，於 Robert Crease 及 Charles Mann 的訪問，一九八四年九月二十六日。引述自 Crease and Mann, pp. 325-6.

6. 韋爾特曼，出自 Hoddeson *et al.*, p. 173.

7. 格拉肖，波利策於 Robert Crease 及 Charles Mann 的訪問時轉述，一九八五年二月二十一日。引述自 Crease and Mann, p. 326.

8. 特胡夫特，出自 Hoddeson *et al.*, p. 192.

9. 蓋爾曼，出自 Hoddeson *et al.*, p. 629.

10. 巴丁、弗里奇和蓋爾曼，*Proceedings of the Topical Meeting on Conformal Invariance in Hadron Physics*, Frascati，一九七二年五月。引述自 Crease and Mann, p. 328.

11. 蓋爾曼，出自 Hoddeson *et al.*, p. 631.

第六章　捉摸不定的中性流

1. 費曼，於 Michael Riordan 的訪問，一九八四年三月十四至十五日。引述自 Riordan, p. 152.

2. 費曼，於 Paul Tsai 的訪問，一九八四年四月三日。引述自 Riordan, p. 150.

3. 費曼，弗里德曼於 Michael Riordan 的訪問中轉述，一九八五年十月二十四日。引述自 Riordan, p. 151.

4. 出自 Hoddeson *et al.*, p. 430.

5. 魯比亞寫給拉加爾里居厄的信，一九七三年七月十七日。引述自 Crease and Mann, p. 352.

6. 珀金斯，*CERN Courier*，二〇〇三年六月一日。

7. 克萊，引述自 Crease and Mann, p. 357.

第七章　非 W 粒子莫屬

1. 巴丁、弗里奇和蓋爾曼，*Proceedings of the Topical Meeting on Conformal Invariance in Hadron Physics*, Frascati，一九七二年五月。引述自 Crease and Mann, p. 328.

2. 韋爾切克，*MIT Physics Annual 2003*, p. 35.

3. 達瑞拉特，出自 Cashmore *et al.*, p. 57.

4. 范德梅爾，引述自 Brian Southworth and Gordon Fraser, *CERN Courier*，一九八三年十一月。

5. 達瑞拉特，出自 Cashmore *et al.*, p. 57.

6. 魯比亞，引述自 Brian Southworth and Gordon Fraser, *CERN Courier*，一九八三年十一月。

7. 萊德曼，p. 357.

第八章　放手一搏

1. 喬吉和格拉肖，*Physical Review Letters*, 32 (1974), p. 438.

2. 喬吉，於 Robert Crease 及 Charles Mann 的訪問，一九八五年一月二十九日。引述自 Crease and Mann, p. 400.

3. 古斯，p. 176.

4. 「紐約時報」，一九八三年六月六日。

5. 完整的引文為：「寧可是灰，不願是塵；寧可讓我的火花燃盡於燦爛火光之中，也不願在腐木裡熄滅；寧可是華美的流星，身體裡的每一顆原子皆光彩奪目，也不願做一顆沉滯永恆的行星。」傑克·倫敦，引述自 Halpern, p. 151.

6. 語出斯塔布勒。這句話被記者 George Will 拿來當成雷根支持超導超級對撞機的報導標題，後來這篇報導刊載於

Washington Post。

7.　這段出自一九四〇年電影《傳奇教練羅克尼》的簡短演說可以在 American Rhetoric 網站上找到，網址是：www.americanrhetoric.com/MovieSpeeches/moviespeechknuterockneallamerican.html。

8.　溫伯格，p. 220.

9.　萊德曼，p. 406

10.　卡斯帕，引述自 *Dallas Morning News*，二〇〇五年七月二十三日。

11.　烏克，《德州巨洞》，Brown & Company, New York (2004)，作者注。

12.　魯比亞，引述自萊德曼，p. 381.

第九章　美妙時刻

1.　渥德格雷，引述自 Sample, p. 163.

2.　米勒的得獎作品可在下列網址找到：http://www.hep.ucl.ac.uk/~djm/higgsa.html。經米勒同意後引用。

3.　米勒和我的個人通信，二〇一〇年十月四日。

4.　馬伊阿尼，*CERN Courier*，二〇〇一年二月二十六日。

5.　http://cms.web.cern.ch/cms/Detector/FullDetector/index.html

6.　艾萬斯，引述自 *CERN Bulletin*, 37-38，二〇〇八年。

第十章　莎士比亞的問題

1.　*Fermilab Today* 推特 Feed，由 Tom Chivers 引用，*The Telegraph*，二〇一〇年七月十三日。

2. 多里戈，'Rumours About a Light Higgs', *A Quantum Diaries Survivor*，張貼於二〇一〇年七月八日的部落格文章，網址是：www.science20.com/quantum_diaries_survivor/。

3. 萊德曼，由 Tom Chivers 引述，*The Telegraph*，二〇一〇年七月十三日。

4. 修爾，引述自 *CERN Bulletin*，二〇一一年一月三十一日星期一。

5. 愛因斯坦，引述自 Alice Calaprice (ed.), *The Ultimate Quotable Einstein*, Princeton University Press, 2011, p. 409.

6. 巴特沃斯，於 Krishnan Guru-Murthy 的電視訪問，二〇一一年四月二十四日，第四頻道新聞。

7. 巴特沃斯，'Rumours of the Higgs at ATLAS', *Life and Physics*，部落格由《衛報》所有，二〇一一年四月二十四日張貼的部落格文章。網址是：www.guardian.co.uk/science/life-and-physics。

8. 席加，'Elusive Higgs Slips from Sight Again', *New Scientist*，二〇一一年五月四日。

9. 巴特沃斯，'Told You So... Higgs Fails to Materialise', *Life and Physics*，部落格由《衛報》所有，二〇一一年五月十一日張貼的部落格文章。網址是：www.guardian.co.uk/science/life-and-physics。

10. 龐塞，於作者的訪問，二〇一一年六月二十一日。

11. 修爾，*DG's Talk to Staff*, CERN，二〇一一年七月四日。

12. 艾萬斯，於作者的訪問，二〇一一年六月二十二日。

13. 修爾，*DG's Talk to Staff*, CERN，二〇一一年七月四日。

14. 希格斯，於作者的訪問，二〇一一年八月十八日。

15. CERN 新聞稿，二〇一一年八月二十二日。

16. 吉亞諾蒂，引述自 CERN 新聞稿，二〇一一年十二月十三日。

17. 修爾，於 CERN 公開研討會的閉幕致詞，二〇一一年十二月十三日。

18. 巴特沃斯，於 Jon Snow 的電視訪問，二〇一一年十二月十三日，第四頻道新聞。

19. 希格斯，由沃克在與作者通信時轉述，二〇一一年十二月十三日。

20. 多里戈，'Firm Evidence of a Higgs Boson at Last!', *A Quantum Diaries Survivor*，張貼於二〇一一年十二月十三日的部落格文章，網址是：www.science20.com/quantum_diaries_survivor/。

21. 史崔斯勒，'Higgs Update Today: Inconclusive, as Expected'，部落格 Of Particular Significance，張貼於二〇一一年十二月十三日之部落格文章的回應，網址是：http://profmattstrassler.com/2011/12/13/。

22. 巴特沃斯，於作者的訪問，二〇一一年十二月十三日。

23. 印卡德拉，'Latest update in the search for the Higgs boson'，CERN 研討會，二〇一二年七月四日。

24. 修爾，'Latest update in the search for the Higgs boson'，CERN 研討會，二〇一二年七月四日。

25. CERN 新聞稿，二〇一二年七月四日。

26. 希格斯，'Latest update in the search for the Higgs boson'，CERN 研討會，二〇一二年七月四日。

詞彙表

Giga（一般以 G 表示）：代表「十億」的前綴字。Giga 電子伏特（GeV）就是十億電子伏特，亦即 10^9 電子伏特。

G 因數：在基礎粒子或合成粒子的（量子化）角動量和磁矩之間的比例常數，是該粒子在磁場中將採取的方向。電子其實有三個 G 因數，一個和自旋有關，一個和原子內電子軌道之角動量有關，最後一個和自旋跟軌道角動量之和有關。狄拉克的電子相對性量子理論預測電子自旋的 G 因數為二，國際科技數據委員會於二〇〇六年的推薦值則是 2.0023193043622，兩者間的差異源自量子電動力學的效應。

K 介子：一種自旋為 0 的介子種類，由上、下、奇夸克，以及這些夸克的反夸克所組成。共有 K^+（上夸克和反奇夸克）、K^-（奇夸克和反上夸克）和 K^0（混合了「下、反奇」和「奇、反下」夸克）三種粒子，其中 $K^\pm$ 的質量為 494 MeV，K^0 的質量則是 498 MeV。

Mega（一般以 M 表示）：代表「百萬」的前綴字。Mega 電子伏特（MeV）就是百萬電子伏特，亦即 10^6 電子伏特。

MIT：麻省理工學院的縮寫簡稱。

SU(2) 對稱群：將兩個複變數做轉換所產生的特殊么正群。楊振寧和米爾斯確認強核力的量子場論，應該要以 SU(2) 對稱群為基礎；後來又確認 SU(2) 對稱群與弱核力有關，在跟電磁力的

U(1) 場論結合後，便形成電弱力的 SU(2)×U(1) 場論。

SU(3) 對稱群：三個複變數轉換下所產生的特殊么正群。蓋爾曼和內埃曼將 SU(3) 對稱群當成建構「八重道」所需的全域性對稱；後來又被蓋爾曼、弗里奇和路特威特當成區域對稱，是夸克和膠子之間的強核（色）力之基礎。

Tera（一般以 T 表示）：代表「兆」的前綴字。Tera 電子伏特（TeV）就是兆電子伏特，亦即 10^{12} 電子伏特。

U(1) 對稱群：一個複變數變換下產生的么正群，等效（技術術語叫做「同構」）於圓群，亦即所有絕對值為一的複數群（換句話說，就是在複數平面上的單位圓）。U(1) 對稱群也同構於 SO(2)，SO(2) 是一種特殊的正交群，用來描述牽涉到物體在二維轉動的對稱轉換。在量子電動力學裡，U(1) 對稱群與電子波函數的相位對稱有關（見圖 7）。

W 粒子與 Z 粒子：媒介弱核力的基礎粒子。W 粒子是自旋為 1 的玻色子，具單位正電荷或負電荷（W^+ 和 W^- 粒子），質量為 80 GeV。Z^0 粒子是電中性、自旋為 1 的玻色子，質量為 91 GeV。W 粒子和 Z 粒子藉由希格斯機制得到質量，可將其視之為「重」的光子。

Λ-CDM：「lambda 冷暗物質」的縮寫，亦稱為大霹靂宇宙學的「標準模型」。Λ-CDM 模型可以說明宇宙的大尺度結構、宇宙微波背景輻射、宇宙的加速膨脹，以及像是氫、氦、鋰和氧等元素的分布。該模型假設宇宙的質能之中，有百分之七十三是暗能量（反應宇宙常數 Λ 的大小），百分之二十二是冷暗物質，剩下的可見宇宙（銀河、恆星和已知行星等等）只占了百分之五。

π 介子：由上、下夸克及其反夸克所組成的一種自旋為 0 的介子。共有 π^+（上－反下夸克）、π^-（下－反上夸克）以及 π^0（上－反上夸克和下－反下夸克的混合）三種，其中 $\pi^\pm$ 的質量為 140 MeV，π^0 則是 135 MeV。

八重道：將一九六〇年前後已知粒子的「動物園」分類成兩組「八邊形」的方法，由蓋爾曼和內埃曼獨立發展而得。這套模式基於全域性 SU(3) 對稱性，係根據粒子的電荷或整體同位旋，相對於奇異性繪製而成（見圖 10）。這套模式逐漸透過夸克模型得到解釋（見圖 12）。

十億：一百萬的一千倍，十的九次方，也就是 1,000,000,000。

大一統場論：任何意圖將電磁力、弱核力和強核力統一在單一結構下的理論，都是大一統場論的例子。第一個大一統場論的例子是在一九七四年，由格拉肖和喬吉發展而成。大一統場論並不尋求納入重力，試圖這麼做的理論通常被稱作「萬有理論」。

大型強子對撞機（LHC）：世上能量最高的粒子加速器，有能力製造出 14 TeV（十四兆電子伏特）的質子對撞能量。LHC 的周長有二十七公里，深埋在瑞士和法國邊界的地底一百七十五公尺，鄰近日內瓦的 CERN 之處。LHC 先是以 7 TeV 的質子對撞能量運轉，接下來增強到 8 TeV；二〇一二年七月發現的類希格斯玻色子，就是其運轉所提供的證據之成果。

大型電子正子對撞機：縮寫為 LEP，是 CERN 的 LHC 之前身。

大霹靂：在宇宙創生的早期（大約一百三十七億年前），時空和物質的宇宙級「爆炸」。這個術語最早由物理學家霍伊爾所創造，因為他並不相信大霹靂理論，所以本來是被他當成貶義詞

之用。透過偵測及繪製宇宙微波背景輻射，大霹靂是宇宙「起源」的說法獲得了大量證據。一般認為，在大霹靂之後大約三十八萬年，熱輻射的冰冷「餘燼」與物質失去連結，殘存至今形成了宇宙微波背景輻射。

大霹靂宇宙學之標準模型：參見 Λ-CDM。

不相容原理：參見包立不相容原理。

中子：一種電中性的次原子粒子，最早於一九三二年由查德威克發現。中子是一種重子，包含有一個上夸克和兩個下夸克，其自旋為 $\frac{1}{2}$，質量則是 940 MeV。

中性流（弱核力）：基本粒子之間不改變電性的交互作用，可能牽涉到交換虛 Z^0 粒子，或是同時交換 W^+ 粒子和 W^- 粒子的過程（見圖 15 和圖 16）。

介子：語源來自希臘文的 *mésos*，意思是「中間的」。介子是強子的子類別，能感受到強核力，由夸克和反夸克組成。

元素：古希臘哲學家相信所有實體物質皆由四種元素所組成，分別是土、水、火，還有風。亞里斯多德引進了第五種，他稱之為「乙太」或「第五元素」，用來描述永恆不變的天體。時至今日，這些古典元素已經被一系列化學元素所取代。元素是「基礎的」，也就是說，一種化學元素無法透過化學手段轉變成另一種元素，所以元素只包含一種原子。從氫到鈾的所有元素都被整理成一份「周期表」，未知的元素日後也能容納於表中。

分子：由兩個以上的原子所組成的化學物質之基礎單位。氧分子包括兩個氧原子；水分子則包括兩個氫原子和一個氧原子，寫成「H_2O」，其中 H 代表氫原子，O 代表氧原子。

反粒子：質量與「普通」粒子相同，但電荷相反。舉例來說，電子（e⁻）的反粒子是正子（e⁺）；紅色夸克的反粒子是「反紅」反夸克。標準模型裡的所有粒子都有反粒子，而電中性的粒子就是自己的反粒子。

包立不相容原理：包立於一九二五年發現的原理。不相容原理宣稱，一個量子態（亦即具有同樣的量子數組合）同時最多只能由一個費米子占據。對電子而言，這就是說只有自旋相反的兩個電子，才能同時占據單一個原子軌域。

古柏對：當降到臨界溫度以下，超導體裡的電子將感受到微弱的相互吸引力。具有相反自旋和動量的電子組成古柏對，彼此合作穿過金屬晶格，而晶格的振動可以調解、誘發古柏對進行運動。像這樣的電子對自旋為 0 或 1，屬於玻色子，所以可以占據單一量子態的電子對數量也就不受限制；而且在低溫的環境底下，這些電子對會「凝聚」成巨觀尺寸，這種狀態的古柏對在穿過晶格時完全不受阻礙，也因此產生了超導性。

史丹佛直線加速器中心：縮寫為 SLAC，坐落在加州史丹佛大學附近的洛思阿圖斯山丘。

正子：電子的反粒子，標記為 e⁺。其電荷為 +1，自旋為 $\frac{1}{2}$（故為費米子），質量是 0.51 MeV。正子是第一個發現的反粒子，由卡爾・安德森於一九三二年發現。

兆：十億的一千倍，一百萬的一百萬倍，十的十二次方，也就是 1,000,000,000,000。

光子：所有電磁輻射型式（包括光在內）背後的基礎粒子。光子是零質量、自旋為 1 的玻色子，為電磁力的媒介粒子。

同位旋：也稱作「同量旋」。一九三二年，海森堡引進同位旋的

概念，用來說明甫發現的質子和中子之間的對稱性。現在我們已經知道，同位旋的對稱性只是強子交互作用中之「風味對稱性」的其中一部分。粒子的同位旋可以由其所包含的上、下夸克數量計算得知。

同步加速器：一種粒子加速器，利用電場將粒子加速，再利用與粒子束精密同步的磁場，使粒子沿著一個環轉動。

夸克：強子的基礎組成成分。強子家族由三個一組的 $\frac{1}{2}$ 自旋夸克（重子）或夸克和反夸克的組合（介子）所構成的。夸克有三個世代，每一代都有不同的風味。第一代包括上夸克和下夸克，其電荷分別是 $+\frac{2}{3}$ 和 $-\frac{1}{3}$，質量分別是 1.7-3.3 MeV，和 4.1-5.8 MeV；第二代包括魅夸克和奇夸克，電荷分別是 $+\frac{2}{3}$ 和 $-\frac{1}{3}$，質量分別是 1.27 GeV，和 101 MeV；第三代包括底夸克和頂夸克，電荷分別是 $+\frac{2}{3}$ 和 $-\frac{1}{3}$，質量是 4.1 GeV，和 172 GeV。夸克同時也媒介色荷，每種風味的夸克都具有紅、綠或藍色的色荷。

宇宙射線：來自外太空高能量的帶電粒子束，持續不斷地「沖刷」著地球的上層大氣。「射線」這個用語來自早期的放射性研究，當時定向的帶電粒子束就被稱作「射線」。宇宙射線有很多來源，包括發生在太陽和其他恆星表面的高能反應過程，還有發生在宇宙他處的未知過程。一般而言，宇宙射線的能量介於 10 MeV 到 10 GeV 之間（一千萬到一百億電子伏特）。

宇宙常數：一九二二年，俄國理論學家弗里德曼發現了愛因斯坦的重力場方程式之解，這些解描述了一個時空正在膨脹的宇宙。愛因斯坦一開始很抗拒宇宙會膨脹或收縮的想法，所以為了產生靜態的解，他便動手修改了方程式。考慮到一般熟悉的

重力會高於宇宙裡的物質所能承受，造成宇宙往自己內部塌陷，愛因斯坦引進一個「宇宙常數」，也就是某種「負重力」或重力的相斥型式，用以抵制重力效應。當愈來愈多證據顯示宇宙確實正在膨脹，愛因斯坦對自己的舉動感到很後悔，他聲稱這是他一輩子犯下的最大錯誤。但事實上，一九九八年的進一步發現顯示宇宙膨脹正在加速，結合衛星對宇宙微波背景輻射的測量結果，可知宇宙裡充斥著「暗能量」，大約占了宇宙質能的百分之七十三，而其中一種暗能量型式就需要重新引進愛因斯坦的宇宙常數。

宇宙微波背景輻射：大霹靂之後約略三十八萬年，宇宙已經膨脹、冷卻到足以允許氫原子核（質子）和氦原子核（包括兩個質子和兩個中子）與電子重新組合，形成電中性的氫原子及氦原子。在這個時候，對殘餘的熱輻射而言，宇宙變得「透明」。進一步的宇宙膨脹使得這些熱輻射變冷，轉移到微波段，溫度只有凱氏二・七度（攝氏負二七〇・五度），比絕對零度略高幾度而已。許多理論學家都預測了這種微波背景輻射的存在，最後在一九六四年，由彭齊亞斯和威爾遜意外發現。「宇宙背景探測者」及「威爾金森微波各向異性探測器」這兩顆衛星自此對這種輻射進行了詳盡的研究。

宇宙暴脹：據信在大霹靂後的 10^{-36} 到 10^{-32} 秒之間，宇宙所發生的指數型快速膨脹。由美國物理學家古斯於一九八〇年在大一統場論的脈絡中發現，暴脹能夠解釋我們今日觀察到宇宙中大尺度結構。

守恆定律：一種物理定律，敘述獨立系統中的某種可量測性質並不會隨著時間演變。目前已知符合守恆定律的可量測性質包括

質能、線動量、角動量、電荷、色荷以及同位旋等等。根據諾特定理，每一種守恆定律都可以追溯到特定系統的連續對稱性。

成子：費曼於一九六八年所創的術語，用來描述質子和中子的點狀組成「成分」。後來才知道成子就是夸克和膠子。

自由度：一個系統可以取得的維度數，或是該系統可以自由移動的維度數，像古典粒子就可以在三維空間自由移動。然而，光子是自旋為 1 的零質量粒子，所以受限於兩個維度，可以表示成左和右圓形偏振，或是垂直及水平偏振。在希格斯機制裡，零質量的玻色子可以透過吸收南部－戈德斯通玻色子，得到第三個自由度，見圖 14。

自旋：所有基礎粒子都具有一種叫做「自旋」的角動量。雖然電子的自旋最初是闡述成電子的「自體旋轉」（電子沿自己的軸轉動，就像陀螺一樣），但其實自旋是一種相對性的現象，在古典物理學裡找不到對應的類比。粒子以自旋量子數為特徵，具有半整數自旋量子數的粒子稱作「費米子」，具有整數自旋量子數的則稱作「玻色子」。費米子是物質粒子，而玻色子是力的媒介粒子。

色力：負責將夸克和膠子束縛在強子內部的強大力量。和我們比較熟悉的作用力（如重力和電磁力）不同，色力具有漸近自由的特性，在零距離的漸近極限，夸克呈現完全自由的行為模式。將質子和中子束縛在原子核裡的作用力稱作強核力，被認為是將夸克束縛在原子核內的色力之「殘留物」。

色荷：夸克除了「風味」（上、下、奇等等）之外的另一種性質。不同於電荷只有兩個種類（正或負），色荷有三種（紅、

綠和藍）。雖然使用顏色來表達，但並不代表夸克具有一般認
知的「顏色」。夸克之間的色力是由不同色的膠子所媒介。

冷暗物質：現行大霹靂宇宙學 Λ-CDM 模型的關鍵要素，物理學
家認為冷暗物質構成了大約百分之二十二的宇宙質能。其組成
成分未知，但據信很大部分是「非重子」物質，也就是和質子
或中子無關的物質，很可能是標準模型中仍然未知的粒子。候
選粒子包括大質量的弱作用粒子，這種粒子的很多性質跟微中
子一樣，但是質量絕對比微中子要大上非常之多，所以移動速
度也慢了許多。標準模型的超對稱擴張認為這樣的粒子可能是
超中性子。

希格斯玻色子：以英國物理學家希格斯為名的粒子。所有的希格
斯場都有稱作「希格斯玻色子」的獨特場粒子，但這個術語通
常是用來指稱電弱希格斯粒子，也就是在一九六七到六八年，
最早由溫伯格和薩拉姆用來說明電弱對稱破裂的那個粒子。二
〇一二年七月四日，CERN 的 LHC 發現了某種非常像是電弱
希格斯玻色子的粒子，它不帶電，自旋為 0，質量為 125 GeV。

希格斯場：以英國物理學家希格斯為名的場。是一個通用術語，
指稱任何添加到量子場論裡，可以經由希格斯機制觸發對稱
破裂的背景能量場。CERN 最近發現的新粒子提供了強力的證
據，支持在電弱力量子場論中用來破壞對稱性的希格斯場之存
在。

希格斯機制：以英國物理學家希格斯為名的機制，但同時也常以
其他在一九六四年獨立發現該機制的物理學家為名。希格斯機
制的另一個名字叫做「布繞特－恩格勒－希格斯－哈庚－古
拉尼－基博爾機制」，或取各人名字首字母為「BEHHGK 機

制」，或採諧音叫「貝克機制」，顯然是以布繞特、恩格勒、希格斯、哈庚、古拉尼和基博爾等人為名。這套機制敘述了背景場（稱之為「希格斯場」）如何能夠被添加到量子場論裡，造成理論的對稱破裂。一九六七到六八年，溫伯格和薩拉姆獨立使用該機制發展出電弱力的場論。

貝他放射性／衰變：由法國物理學家貝克勒於一八九六年首次發現，拉塞福於一八九九年作此命名。這是弱核力衰變的一種例子，整個過程會導致中子裡的下夸克轉變成上夸克，中子因而變成質子，並放射出一個 W^- 粒子；W^- 粒子再衰變成一個高速電子（亦即「貝他粒子」）與一個電子反微中子。

貝他粒子：當質子發生貝他放射衰變，從核子放射出的高速電子。**參見**貝他放射性／衰變。

奇夸克：屬於第二代夸克，電荷為 $-\frac{1}{3}$，自旋 $\frac{1}{2}$（故為費米子），質量為 101 MeV。「奇異性」性質其實是一系列較低能量（低質量）的粒子之特徵，這種粒子於四〇和五〇年代，由蓋爾曼以及西島和彥與中野董夫獨立發現。後來蓋爾曼和茨威格進一步追蹤奇異性的由來，歸因於這些合成粒子都具有奇夸克的成分（見圖 12）。

奇異性：中性 Λ 粒子、中性和帶電的 Σ 粒子和 Ξ 粒子，以及 K 介子等粒子的一種特有性質。根據蓋爾曼和內埃曼的「八重道」（見圖 10），奇異性和電荷及自旋被共同用來對粒子進行分類。後來追根究柢，才知道奇異性的由來，是因為這些合成粒子的組成成分包括有奇夸克（見圖 12）。

底夸克：有時也稱為「美」夸克，屬於第三代夸克，其電荷為 $-\frac{1}{3}$，自旋 $\frac{1}{2}$（故為費米子），「裸質量」（bare mass）

為 4.19 GeV（四十一‧九億電子伏特）。於一九七七年，費米實驗室透過觀察 ϒ 介子（由底夸克與反底夸克組成的介子）而發現。

波函數： 將電子等物質粒子視為「物質波」的數學描述，導出以波動為特徵的方程式，像這樣的波方程式具有振幅和相位會在時空中變化的波函數。氫原子裡的電子波函數形成圍繞著原子核的特有三維模式，稱之為「軌域」。波動力學（量子力學的物質波表示法）最早由薛丁格於一九二六年闡明。

波粒二象性： 所有量子粒子的基礎性質，指同時具有波的非區域化行為（像是繞射和干涉）和粒子的區域化行為，端視用來測量該些粒子的儀器為何。最早是由德布羅意在一九二三年假設波粒二象性為電子等物質粒子的一種性質。

亮度： 加速器裡的粒子束亮度之計算方法，是將單位面積在單位時間裡的粒子數量乘上標靶的不透明度（即標靶對於粒子而言的不可穿透性之量度）。物理學家特別感興趣的是「累積亮度」，簡單來說就是一段時間內的亮度積分值（和），通常使用「每平方公分」（cm^{-2}）或「逆邦」（$10^{24} \ cm^{-2}$）為單位。所以在特定基礎粒子的反應過程裡，撞擊次數就等於累積亮度乘上截面稱（單位為平方公分），其結果是一個約略的測量值。

南部－戈德斯通玻色子： 一種零質量、自旋為 0 的粒子，是自發性對稱破裂下的必然產物，最早由南部陽一郎於一九六○年發現，戈德斯通在翌年進一步對這種粒子進行了詳盡的研究。在希格斯機制裡，南部－戈德斯通玻色子為量子粒子提供了第三個「自由度」，使粒子具有質量（見圖 14）。

玻色子：以印度物理學家玻色為名。玻色子的特徵是自旋量子數為整數（1、2……等等），所以不受包立的不相容原理限制。玻色子一般會參與物質粒子之間力的轉換，包括光子（電磁力）、W 粒子和 Z 粒子（弱核力），以及膠子（色力）。自旋為 0 的粒子也稱作玻色子，但是這些粒子和力的轉換無關，像是 π 介子、古柏對（其自旋也可以為 1），以及希格斯玻色子。物理學家相信重力子（假想的重力場粒子）是自旋為 2 的玻色子。

重力：所有質能之間都能感受到的吸引力。重力極度微弱，在原子、次原子和基礎粒子間的交互作用都沒有重力的容身之處，而是分別由色力、弱核力和電磁力所主宰。重力可透過愛因斯坦的廣義相對論描述。

重力子：在重力的量子場論裡媒介重力的假想粒子。雖然對這樣的理論已經有過諸多嘗試，但一直到現在，這些嘗試沒有一個被認為是成功的。如果重力子真的存在，它會是一種零質量、電中性、自旋為 2 的玻色子。

重子：語源來自希臘文的 *barys*，意思是「重」。重子是強子的子分類，為質量較大的粒子，會受到強核力的作用。質子和中子都屬於重子。重子由三個一組的夸克所組成。

重整化：引進場量子為粒子的概念後，必然的結果就是這些粒子可能會發生自相作用，換句話說，粒子會和自己所屬的場互動。這意味了以往用來解場方程式的技巧（如微擾理論）將會失效，因為自相作用的項顯然會永無止境地修正下去。所以才發展出重整化這個數學工具，藉由重新定義場粒子本身的參數（如質量和電荷），消除這些自相作用的項。

風味：除了色荷之外，另一種用來區別夸克的性質。夸克共有六種風味，形成三個世代，其中上、魅和頂夸克具 $+\frac{2}{3}$ 電荷及 $\frac{1}{2}$ 自旋，質量分別是 1.7 – 3.3 MeV、1.27 GeV，以及 172 GeV；下、奇和底夸克具 $-\frac{1}{3}$ 電荷及 $\frac{1}{2}$ 自旋，質量分別是 4.1 – 5.8 MeV、101 MeV，以及 4,19 GeV。「風味」這個詞也用在輕子，電子、緲子、τ 子以及它們所對應的微中子，也可以由「輕子風味」進行區別。**參見輕子**。

原子：語源來自希臘文的 *atomos*，意思是「不可分割的」。這個字本來用來表示物質的終極組成成分，但現在「原子」代表各個化學元素的基本組成。因此，水是由 H_2O 分子所組成，也就是兩個氫原子和一個氧原子。原子也包含質子和中子，這兩種粒子被束縛在一起，形成原子核；電子的波函數則形成稱作「軌域」的獨特模式，圍繞著原子核。

原子核：位於原子核心的致密區，大部分的原子質量集中於此。原子核包括有數量不一的質子和中子。氫原子的原子核只有一個質子。

弱中性流：一種弱交互作用，牽涉到交換一個虛 Z^0 粒子或一組虛 W^+ 粒子和 W^- 粒子，見圖 15 及圖 16。

弱核力：「弱核力」謂之為「弱」，是因為和強核力及電磁力相較之下，這種力極為微弱。弱核力會影響夸克和輕子，而弱交互作用可以改變夸克和輕子的風味。舉例來說，將上夸克轉變成下夸克，或是將電子轉變電子微中子。弱核力最初是在貝他放射性衰變的研究中被確認為一種基礎力。弱核力的媒介子是 W 粒子和 Z 粒子。溫伯格和薩拉姆在一九六七到六八年，將弱核力與電磁力在 SU(2)×U(1) 量子場論中結合成電弱力。

狹義相對論：由愛因斯坦於一九○五年發展而成，狹義相對論宣
　　稱所有運動都是相對的，並不存在一個地位特殊的參考框架，
　　能夠據以對運動進行測量。所有參考慣性框架都是等效的，所
　　以對固定在地球上的觀測者，和位在等速移動的太空船上的觀
　　測者而言，他們進行同一組物理測量後，應該會得到一樣的結
　　果。古典物理的絕對空間、時間、絕對靜止和同時性的概念，
　　都揚棄不用。愛因斯坦在將理論公式化時，假設真空中的光速
　　就是無法超越的極速。之所以稱之為「狹義」，是因為這個理
　　論並無法說明加速度運動，這部分則涵蓋在愛因斯坦的廣義相
　　對論裡。

真空期望值：在量子理論裡，如能量等可觀測的物理量，其量值
　　的強度是來自對應的量子力學運算子的期望（或平均）值。運
　　算子是作用在波函數（並且改變波函數）的數學方程式，而真
　　空期望值就是運算子於真空中的期望值。因為希格斯場的位能
　　曲線之形狀，使得它具有非零的真空期望值，造成電弱力的對
　　稱破裂（見圖 13)。

國立加速器實驗室：縮寫為 NAL，位於芝加哥。於一九七四年
　　更名為「費米國立加速器實驗室」，或簡稱「費米實驗室」。

強子：語源來自希臘文的 *hadros*，意思是「厚」或「重」。強子
　　家族內所有的粒子都會受到強核力影響，也因此是由夸克所組
　　成的。強子家族包括了重子（由三個夸克組成）和介子（由一
　　個夸克和一個反夸克組成）。

強核力：或稱色力，將夸克和膠子共同束縛在強子裡的力，由量
　　子色動力學描述之。將質子和中子束縛在原子核裡的作用力亦
　　稱作強核力，被認為是在原子核裡束縛夸克的色力之「殘留

物」。

深度非彈性散射：粒子散射的一種類型，其中加速粒子（如電子）的大部分能量被用來摧毀標靶粒子（如質子）。加速粒子從碰撞反彈後只具有非常少的能量，同時會有不同種類的強子呈噴霧狀生成。

粒子物理學之標準模型：目前廣為接受的理論模型，用來描述物質粒子和重力以外的自然力。標準模型由一系列量子場論所組成，包括有區域 SU(3)（色力）和 SU(2)×U(1)（弱核力和電磁力）對稱性。此模型包含了三個世代的夸克和輕子，還有光子、W 粒子、Z 粒子、色力膠子，以及希格斯玻色子。

莫耳：化學物質之量的標準單位，相當於將原子或分子的重量以「公克」來表示。一莫耳的物質包含有 6.022×10^{23} 個粒子。「莫耳」（mole）這個詞來自「分子」（molecule）。

規範理論：基於規範對稱的理論（**參見**規範對稱）。愛因斯坦的廣義相對論就是一種規範理論，因為隨意更改時空座標系統（即「規範」），都不會影響到廣義相對論。量子電動力學則是一種對於電子波函數的相位守恆的量子場論。在五〇年代，強核力和弱核力量子場論的發展演變成在辨認守恆的物理量，因此也就等於是在尋找適當的規範對稱。

規範對稱：由德國數學家外爾所創的術語。當應用在量子場論時，「規範」的選擇應該滿足方程式的守恆，也就是說，隨意更改規範的值，並不會使得預測的結果有任何不同。規範對稱和守恆定律（**參見**守恆定律及諾特定理）之間的連結意味著，假設我們正在對某種性質進行研究，只要正確選擇了規範對稱，推得出的場論就會自動遵守該性質的守恆需求。

頂夸克：有時也稱為「真」夸克，屬於第三代夸克，其電荷為 $+\frac{2}{3}$，自旋 $\frac{1}{2}$（故為費米子），質量為 172 GeV。於一九九五年由費米實驗室發現。

普朗克常數：由普朗克於一九〇〇年發現，標記為 h。普朗克常數是量子理論裡的基礎物理常數，可以反映出量子的強度。舉例來說，光子的能量是由其輻射頻率所決定，關係式為 $E = h\nu$，換句話說，能量等於普朗克常數乘上輻射頻率。普朗克常數值為 6.626×10^{-34} 焦耳秒。

最小超對稱標準模型：縮寫為 MSSM，是現行的粒子物理學標準模型納入超對稱之後的最基本擴充模型，於一九八一年由喬吉和迪摩波羅發展而成。

測不準原理：於一九二七年由海森堡發現。測不準原理聲稱在測量成對的「共軛」觀測項時（像是位置和動量、能量和時間），其準確性有根本上的限制。測不準原理的原由可以追溯到量子物體基礎的波粒二象性。

費米子：以義大利物理學家費米為名，費米子的特徵是半整數自旋（如 $\frac{1}{2}$、$\frac{3}{2}$ 等等），包括了夸克和輕子，以及由各式各樣的夸克組合方式而生成的合成粒子，比如說重子。

超對稱：粒子物理學標準模型的另一種版本，透過對稱破裂來解釋物質粒子（費米子）和力的媒介粒子（玻色子）之間的不對稱性。在較高的能量底下（舉例來說，在大霹靂極早期時瀰漫宇宙的那種能量等級），超對稱未受破壞，費米子和玻色子之間具有完美的對稱性。除了費米子和玻色子之間的不對稱性，對稱破裂也預測存在一組自旋相差 $\frac{1}{2}$ 的大質量超伴子，如費米子的超對稱伴子稱作「超對稱費米子」，電子的伴子叫做

「純量電子」，而每一種夸克都有對應的純量夸克；同理，每一種玻色子也都有超對稱玻色子，光子、W 粒子、Z 粒子和膠子的超對稱伴子分別是超光子、超 W 子、超 Z 子和超膠子。超對稱解決了很多標準模型的問題，但是超伴子的證據仍未有發現。

超導性：於一九一一年由昂內斯發現。某些結晶材料在冷卻到低於某個臨界溫度後，就會失去所有的電阻，成為超導體。無需輸入能量，電流就會無止境地在超導線路裡流動。超導性是一種量子力學現象，可以由 BCS 機制解釋（BCS 機制係取巴丁、古柏和施里弗三人的名字首字母為名）。

超導超級對撞機：縮寫為 SSC，是美國打造世上最大粒子加速器的一項計畫，預定址在德州埃利斯郡的瓦克沙哈契，預定將能產生 40 TeV（四〇兆電子伏特）的質子對撞能量。該計畫於一九九三年十月遭到美國國會取消。

超導環場探測器（ATLAS）：在 CERN 的 LHC 計畫中，有兩組「獵捕」希格斯玻色子的探測器合作團隊，ATLAS 是其中之一。

量子：能量和角動量等物理性質之中無法分割的基礎單位。在量子理論裡，這些性質並不被視為連續的變數，而是由稱為「量子」的離散「小包裹」組織而成。「量子」這個術語可以引伸到粒子領域，因此光子就是電磁場的量子粒子；這種概念也不只應用在媒介自然力的粒子，還能延伸到物質粒子本身，所以電子便是電場的量子，以此類推。這有時候被稱之為「二次量子化」。

量子色動力學：夸克之間的強作用色力是由八種色的膠子系統

所媒介，而量子色動力學就是描述強作用色力的 SU(3) 量子場論。

量子場：在古典場論裡，「力場」來自時空裡每個點的值，而且可以是純量（只有強度，沒有方向性）或向量（同時具有強度及方向性）。把鐵屑灑在一張底下擺著棒狀磁鐵的紙片上，出現的「力線」可以替這類的場提供一個視覺化的表示法。在量子場論裡，力是透過場裡的「漣漪」來傳送，這些漣漪形成波，而由於波可以闡釋為粒子，所以也等於同時形成場的量子粒子。這個概念可以延伸到力的媒介子（玻色子）以外，將物質粒子（費米子）也包括在內。所以，電子就是電場的量子，以此類推。

量子電動力學：帶電粒子之間的電磁力是由光子所媒介，而量子電動力學就是描述電磁力的 U(1) 量子場論。

量子數：要描述量子系統的物理狀態，需要將其性質以總能量、線動量、角動量、電荷等等的值加以詳述。將這些性質量子化後，結果是相關量子（量子化的物理量）之敘述，必然以固定倍數的型態增長。舉例來說，電子的自旋角動量固定為 $\frac{1}{2}$ $h/2\pi$，其中 h 為普朗克常數，而使這個量子的大小呈倍數增長的循環整數或半整數，便稱作「量子數」。當電子位處磁場裡，其自旋可能會指向或背離磁場的力線，亦即「自旋向上」或「自旋向下」，這種指向性就以量子數 $+\frac{1}{2}$ 和 $-\frac{1}{2}$ 為特徵。其他例子包括了以原子裡的電子之能量層級、電荷、夸克色荷等為特徵的主量子數 n。

微中子：語源來自義大利文，本來的意思是「中性的小東西」。微中子不帶電，自旋為 $\frac{1}{2}$（故為費米子），它是帶負電的電

子、緲子及 τ 子的同伴。物理學家相信微中子具有非常微小的質量，藉此才能解釋微中子振盪，也就是微中子風味可能會隨時間變化的量子力學現象。微中子振盪解決了太陽微中子問題（穿過地球的微中子數量之量測值，與源自太陽核心核反應的電子微中子之預期數量並不相符），物理學家在二○○一年確認，來自太陽的微中子之中，只有百分之三十五是電子微中子，其他部分則是緲子微中子和 τ 子微中子，顯示在這趟從太陽到地球的旅途中，微中子原本的風味會發生振盪而改變成其他風味。

微擾理論：一種數學方法，用來尋找無法精確求解的方程式之近似解。這些難搞的方程式會被整理成「微擾展開式」，拆解成一系列可能有無窮個數的項，以具有精確解的「零階」表達式為首，再加上代表了一階、二階，與更高階修正的額外（或稱「微擾」）項。原則上，展開式裡的每一項都會對零階的解進行愈來愈細微的修正，使計算結果逐步趨近實際結果，所以計算中牽涉到的微擾項個數之多寡，可以決定最終結果的準確度。雖然結構大相逕庭，但我們還是可以藉由觀察像是 $\sin x$ 這種簡單三角函數的冪級數展開式，稍微體會微擾展開示的運作方式。展開示的最初幾項是：$\sin x = x - x^3/3! + x^5/5! - x^7/7! + \cdots\cdots$，設 x 等於四十五度（弧度為 0.785398），那麼從第一項開始，我們先減去 0.080745，加上 0.002490，然後再減去 0.000037；每一個接續的項都提供了愈來愈細微的修正，而在歷經區區四個項之後，我們就得到了 0.707106 的結果，與 $\sin (45^\circ)$ 的值 0.707107 已經相當接近。

暗物質：一九三四年，瑞士天文學家茲威基在測量后髮座星系團

（位於后髮座）裡的銀河質量時發現了異常。由觀測星系團邊緣的銀河運動而求得的質量，與透過可見銀河的數量及星系團的整體亮度得到的質量並不相等，兩者差了四百倍。在造成后髮座星系團觀測到的重力效應所需的質量裡，有多達百分之九十「消失」了，或是隱形了，而這些消失的物質便稱作「暗物質」。後續的研究偏好一種叫做「冷暗物質」的暗物質。**參見**冷暗物質。

楊－米爾斯場論：於一九五四年，由楊振寧和米爾斯基於規範不變性發展出的量子場論型式。楊－米爾斯場論鞏固了粒子物理學現行標準模型裡的所有組成成分。

電子：由英國物理學家湯姆森於一八九七年發現。電子是第一代的輕子，其電荷值為 -1，自旋為 $\frac{1}{2}$（故為費米子），質量是 0.51 MeV（五十一萬電子伏特）。

電子伏特（eV）：一個帶負電的電子經由一伏特電場加速時，所得到的能量大小就是一電子伏特。一個一百瓦的燈泡每秒燃燒的能量約略為六億兆電子伏特。

電弱力：儘管電磁力和弱核力的尺度差異極大，但它們其實是曾經統一的電弱力之不同面向。一般認為電弱力盛行於「電弱時期」，也就是大霹靂之後 10^{-36} 到 10^{-12} 秒之間。電磁力和弱核力透過 $SU(2) \times U(1)$ 的場論結合，在一九六七到六八年由溫伯格和薩拉姆最早獨立完成。

電荷：夸克和輕子的一種特性（也是我們比較熟悉的質子和電子的特性）。電荷有兩種種類，正或負，而負電荷流正是電力和能源工業的基礎。

電磁力：歷經許多實驗和理論物理學家的研究，電力和磁力被確

認為單一、基礎的自然力。值得一提的貢獻包括英國物理學家法拉第，以及蘇格蘭理論學家馬克士威。電磁力負責在原子內部將電子和原子核束縛在一起，也負責將原子連結成各種不同的分子物質。

對稱破裂：當物理系統的最低能量態比起較高能量態具有較低的對稱性，就會發生自發性對稱破裂。當系統失去能量，朝最低能量態穩定下來，對稱性便自發降低，或說是「破裂」了。舉例來說，以尖端完美平衡的鉛筆是對稱的，但是它最終會沿著某個特定方向倒下，停在更穩定、能量較低，也較不對稱的狀態。

漸近自由：夸克間強作用色力之性質。當夸克彼此靠近時，色力的強度其實會隨之減小，直到達成零距離的漸近極限，夸克呈現如同完全自由的行為模式。見圖 17(b)。

輕子：語源來自希臘文的 *leptos*，意思是「小」。屬於輕子家族的粒子不會感受到強核力，可以和夸克結合，形成物質。和夸克一樣，輕子也有三個世代，包括電子、緲子和 τ 子，其電荷值為 –1，自旋為 $\frac{1}{2}$，質量分別是 0.51 MeV、106 MeV 和 1.78 GeV；輕子家族也包括了對應上述三種粒子的微中子。電子微中子、緲子微中子和 τ 微中子。微中子不帶電，自旋為 $\frac{1}{2}$，一般相信具有極小的質量（這是為了解釋「微中子振盪」，也就是微中子風味可能會隨時間變化的量子力學現象）。

緊緻緲子螺管偵測器（CMS）：在 CERN 的 LHC 計畫中，有兩組「獵捕」希格斯玻色子的探測器合作團隊，緊緻緲子螺管偵測器是其中之一。

歐洲核子研究委員會（CERN）：成立於一九五四年。在臨時委

員會解散後更名為歐洲核子研究組織，但仍沿用之前的簡稱。CERN 位於日內瓦西北市郊，鄰近瑞士與法國邊界。

廣義相對論：由愛因斯坦於一九一五年發展出的理論。廣義相對論以重力的幾何理論，合併了狹義相對論和牛頓的萬有引力定律。愛因斯坦將牛頓的萬有引力理論所暗示的「超距力」取代成大質量物體在彎曲時空中的運動。在廣義相對論裡，物質告訴時空如何彎曲，而彎曲的時空則告訴物質如何運動。

暴脹：參見宇宙暴脹。

緲子：如同電子是第一代輕子，緲子則是第二代輕子，電荷為 –1，自旋為 $\frac{1}{2}$（故為費米子），質量是 106 MeV。最早是在一九三六年，由卡爾・安德森和內德梅耶所發現。

膠子：在夸克間媒介強作用色力的粒子。量子色動力學需要八種零質量的色力膠子，這些膠子本身媒介著色荷。必然的結果是，膠子會參與強作用色力的形成，而不只是單純地把力從一個粒子傳到另一個粒子。質子和中子質量的百分之九十九被認為是由膠子所媒介的能量。

複數：所謂複數，就是將實數乘上 –1 的平方根（寫做 i）之後得到的數，因此複數的平方會是負數，舉例來說，$5i$ 的平方是 –25。複數被廣泛應用在數學領域裡，用來解決只使用實數無法解決的問題。

質子：帶正電的次原子粒子，由拉塞福於一九一九年「發現」及命名。拉塞福其實是確認了氫的原子核（就是一個質子）是其他元素原子核的基礎組成成分。質子是一種重子，包含兩個上夸克和一個下夸克，自旋為 $\frac{1}{2}$，質量是 0.51 MeV。

魅夸克：屬於第二代夸克，電荷為 $+\frac{2}{3}$，自旋 $\frac{1}{2}$（故為費米

子），「裸質量」為 1.27 GeV（十二・七億電子伏特）。一九七四年的「十一月革命」，布魯克黑文國家實驗室與史丹佛直線加速器中心同時藉由觀察 J/ψ 介子（由魅夸克與反魅夸克組成的介子）而發現。

諾特定理：由諾特於一九一八年發展完成，該定理連結了守恆定律和物理系統中特定的連續對稱性，以及描述這些對稱性的理論。諾特定理被用來當成發展新理論的工具。能量守恆反映了一個事實：相對於時間的連續變化或「移動」，主宰能量的法則是不變的。至於線動量的法則，相對於空間中的連續移動為守恆；而對角動量來說，其法則相對於由轉動中心所測量之方向**角**為守恆。

蘭姆移位：在氫原子兩個電子能階之間的微小能量差值，於一九四七年由蘭姆和雷瑟福發現。蘭姆移位提供了一條重大線索，影響了日後重整化的發展，最終還促成量子電動力學。

索引

七畫

十一畫

其他

四畫

292

十畫

十一畫

十二畫

298

302

Higgs: The Invention and Discovery of the 'God Particle' by Jim Baggott
Copyright © 2012 by Jim Baggott
This edition arranged with Oxford University Press, Inc., through the Chinese Connection Agency, a division of The Yao Enterprises, LLC.
Traditional Chinese translation copyright © 2013, 2020 by Owl Publishing House, a division of Cité Publishing Ltd.
All rights reserved.

貓頭鷹書房 241

上帝的粒子：希格斯粒子的發明與發現

作　　　者	巴格特（Jim Baggott）
譯　　　者	柯明憲
責任編輯	曾琬迪、吳欣庭（初版）、王正緯（二版）
協力編輯	楊琬晴
校　　　對	魏秋綢
版面構成	張靜怡
封面設計	廖韡

總 編 輯	謝宜英
行銷業務	鄭詠文、陳昱甄
出 版 者	貓頭鷹出版

發 行 人　凃玉雲
發　　　行　英屬蓋曼群島商家庭傳媒股份有限公司城邦分公司
　　　　　　104 台北市中山區民生東路二段 141 號 11 樓
　　　　　　畫撥帳號：19863813；戶名：書虫股份有限公司
城邦讀書花園：www.cite.com.tw　購書服務信箱：service@readingclub.com.tw
購書服務專線：02-2500-7718~9（周一至周五上午 09:30-12:00；下午 13:30-17:00）
24 小時傳真專線：02-2500-1990；2500-1991
香港發行所　城邦（香港）出版集團／電話：852-2877-8606／傳真：852-2578-9337
馬新發行所　城邦（馬新）出版集團／電話：603-9056-3833／傳真：603-9057-6622
印 製 廠　中原造像股份有限公司
初　　　版　2013 年 7 月
二　　　版　2020 年 2 月
定　　　價　新台幣 480 元／港幣 160 元
I S B N　978-986-262-414-2

國家圖書館出版品預行編目資料

上帝的粒子：希格斯粒子的發明與發現／巴格特（Jim Baggott）著；柯明憲譯 . -- 二版 . -- 臺北市：貓頭鷹出版：家庭傳媒城邦分公司發行, 2020.02
面；　公分 . --（貓頭鷹書房；241）
譯自：Higgs: the invention and discovery of the 'God particle'
ISBN 978-986-262-414-2（平裝）

1. 粒子　2. 核子物理學　. 通俗作品

339.4　　　　　　　　　　　109000282